10	11	12	13	14	15			期
							2 He ヘリウム $1s^2$ 4.003	1
			5 B ホウ素 $2s^2 2p$ 10.81	6 C 炭素 $2s^2 2p^2$ 12.01	7 N 窒素 $2s^2 2p^3$ 14.01	8 O 酸素 $2s^2 2p^4$ 16.00	9 F フッ素 $2s^2 2p^5$ 19.00	10 Ne ネオン $2s^2 2p^6$ 20.18	2
			13 Al アルミニウム $3s^2 3p$ 26.98	14 Si ケイ素 $3s^2 3p^2$ 28.09	15 P リン $3s^2 3p^3$ 30.97	16 S 硫黄 $3s^2 3p^4$ 32.07	17 Cl 塩素 $3s^2 3p^5$ 35.45	18 Ar アルゴン $3s^2 3p^6$ 39.95	3
Ni ニッケル $3d^8 4s^2$ 58.69	29 Cu 銅 $3d^{10} 4s$ 63.55	30 Zn 亜鉛 $3d^{10} 4s^2$ 65.38	31 Ga ガリウム $3d^{10} 4s^2 4p$ 69.72	32 Ge ゲルマニウム $3d^{10} 4s^2 4p^2$ 72.63	33 As ヒ素 $3d^{10} 4s^2 4p^3$ 74.92	34 Se セレン $3d^{10} 4s^2 4p^4$ 78.97	35 Br 臭素 $3d^{10} 4s^2 4p^5$ 79.90	36 Kr クリプトン $3d^{10} 4s^2 4p^6$ 83.80	4
Pd パラジウム $4d^{10}$ 106.4	47 Ag 銀 $4d^{10} 5s$ 107.9	48 Cd カドミウム $4d^{10} 5s^2$ 112.4	49 In インジウム $4d^{10} 5s^2 5p$ 114.8	50 Sn スズ $4d^{10} 5s^2 5p^2$ 118.7	51 Sb アンチモン $4d^{10} 5s^2 5p^3$ 121.8	52 Te テルル $4d^{10} 5s^2 5p^4$ 127.6	53 I ヨウ素 $4d^{10} 5s^2 5p^5$ 126.9	54 Xe キセノン $4d^{10} 5s^2 5p^6$ 131.3	5
Pt 白金 $4f^{14} 5d^9 6s$ 195.1	79 Au 金 $4f^{14} 5d^{10} 6s$ 197.0	80 Hg 水銀 $4f^{14} 5d^{10} 6s^2$ 200.6	81 Tl タリウム $4f^{14} 5d^{10} 6s^2 6p$ 204.4	82 Pb 鉛 $4f^{14} 5d^{10} 6s^2 6p^2$ 207.2	83 Bi ビスマス $4f^{14} 5d^{10} 6s^2 6p^3$ 209.0	84 Po ポロニウム $4f^{14} 5d^{10} 6s^2 6p^4$ (210)	85 At アスタチン $4f^{14} 5d^{10} 6s^2 6p^5$ (210)	86 Rn ラドン $4f^{14} 5d^{10} 6s^2 6p^6$ (222)	6
Ds ダームスタチウム $5f^{14} 6d^9 7s^2$ (281)	111 Rg レントゲニウム $5f^{14} 6d^9 7s^2$? (280)	112 Cn コペルニシウム $5f^{14} 6d^{10} 7s^2$ (285)	113 Nh ニホニウム $5f^{14} 6d^{10} 7s^2 7p$? (278)	114 Fl フレロビウム $5f^{14} 6d^{10} 7s^2 7p^2$? (289)	115 Mc モスコビウム $5f^{14} 6d^{10} 7s^2 7p^3$? (289)	116 Lv リバモリウム $5f^{14} 6d^{10} 7s^2 7p^4$? (293)	117 Ts テネシン $5f^{14} 6d^{10} 7s^2 7p^5$? (293)	118 Og オガネソン $5f^{14} 6d^{10} 7s^2 7p^6$? (294)	7
Gd ガドリニウム $4f^7 5d 6s^2$ 157.3	65 Tb テルビウム $4f^9 6s^2$ 158.9	66 Dy ジスプロシウム $4f^{10} 6s^2$ 162.5	67 Ho ホルミウム $4f^{11} 6s^2$ 164.9	68 Er エルビウム $4f^{12} 6s^2$ 167.3	69 Tm ツリウム $4f^{13} 6s^2$ 168.9	70 Yb イッテルビウム $4f^{14} 6s^2$ 173.0	71 Lu ルテチウム $4f^{14} 5d 6s^2$ 175.0		
Cm キュリウム $5f^7 6d 7s^2$ (247)	97 Bk バークリウム $5f^9 7s^2$ (247)	98 Cf カリホルニウム $5f^{10} 7s^2$ (252)	99 Es アインスタイニウム $5f^{11} 7s^2$ (252)	100 Fm フェルミウム $5f^{12} 7s^2$ (257)	101 Md メンデレビウム $5f^{13} 7s^2$ (258)	102 No ノーベリウム $5f^{14} 7s^2$ (259)	103 Lr ローレンシウム $5f^{14} 7s^2 7p$? (262)		

国際 化学オリンピックに挑戦！ ①基礎

International Chemistry Olympiad

監修
日本化学会 化学オリンピック支援委員会
日本化学会 化学グランプリ・オリンピック委員会オリンピック小委員会

編集
国際化学オリンピックOBOG会

米澤宣行・廣井卓思
（第1巻責任者）

朝倉書店

本書に掲載されている準備問題および本選問題は，
　　　http://icho.csj.jp/past.html
に掲載されている各大会の詳細ページから自由に閲覧することができる．
また，模範解答も含めた第 50 回大会までの問題一覧は，
　　　https://50icho.eu/problems/tasks-from-the-previous-ichos/
に集約されている（英語版のみ）．

序

国際化学オリンピックを高校生の学習に役立てる

　この本を手に取った人は，国際化学オリンピックについて何かしらの興味をもっていると思う．まずは，国際化学オリンピックの仕組みについて簡単に説明しよう．国際化学オリンピックは，毎年7月頃に行われる[*1]，世界の高校生[*2]を対象とした化学の学力コンテストである．毎年さまざまな国で開催され，理論試験と実験課題を行い，化学の知識・技能を競う．現在は80近くの国・地域から300人ほどの中高生が出場しており，大規模な大会となっている．日本からも毎年4人の高校生を選抜し，派遣している．

　世界規模の学力コンテストであるため，出題される問題も一筋縄ではいかないものばかりである．日本の化学教育でいうと，問題のレベルはおおむね大学の1～2年で学習する内容に相当する．つまり，日本の高校の化学の教科書を完璧(かんぺき)に理解した段階でも，まだ太刀(たち)打ちできないのである．本書は，日本の高校化学と，国際化学オリンピックで求められる世界基準の化学とのギャップを埋め，実際に国際化学オリンピックで出された問題を理解し楽しめるようになることを目標に執筆されている．化学が好きという気持ちがあれば読めるように配慮しているので，臆さずに読み進めてほしい．

　…とはいうものの，このように説明を受けると，

- 難しそうで自分には手が出せない
- ただの天才発掘コンクールなのか
- 高校生に高校のカリキュラムを超えたことを強いてどうするんだ

というような感想をもつ人も少なくないと思う．そこで，国際化学オリンピックの意義について，もう少し考えてみたいと思う．

　実際に国際化学オリンピックに出場することは，もちろん簡単なことではな

[*1] 本家のオリンピックは4年に一度だが，4年に一度の開催では高校生にとってあまりにも不公平である．また，7月は多くの海外の高校生にとっての年度末である．

[*2] 規則上は中学生以下でも出場可能である．

い．代表候補になるためには，通常はまず化学グランプリという国際化学オリンピックの予選をかねている国内化学コンクールを突破する必要がある．そして，この段階で多くの人が代表候補からはずれてしまう．しかし，化学グランプリの二次考査は合宿形式であるため，たとえ代表候補になれなかったとしても，化学を通じた友達の輪が広がる．また，国際化学オリンピック出場のために行う化学の勉強は，もちろん受験化学にもいかせるし，それ以上に大学で学ぶ化学の下地となる．そして，化学という学問それ自体が身の周りの物質に直結した学問であり，私たちのものの見方・世界を広げてくれる．つまり，国際化学オリンピック出場という目標に向かって化学の理解を深める努力することそれ自体に大きな意味があるのだ．

しかし，化学の勉強という点だけで考えると，化学グランプリの金賞を目指すだけでもよいと思われるかもしれない．そこで，日本代表として国際大会に出場することの意義についてもふれておきたい．まず代表生徒の視点から考えてみたい．国際化学オリンピックは，ほとんどの代表生徒にとって，さまざまな国籍の高校生と触れ合う最初で最後の機会となる．このような機会は滅多に得られるものではなく，世界で活躍するグローバルな人間へと成長する大きな契機となる．また，世界レベルの化学にふれることは，日本の化学を牽引（けんいん）するために必要不可欠である．つまり，国際化学オリンピックへの参加は，代表生徒のその後の明るい未来に大きな影響を与えてくれるのだ．

それでは，代表生徒以外の視点から国際化学オリンピックへの生徒派遣を考えてみる．第三者からみて，国際化学オリンピックの日本代表が銅メダルを取った[*3)]と聞いて，どう思うだろうか？ おそらく，多くの人が「頑張ったんだなあ」というような感想で終わると思う．しかし私としては，ここで「私も化学を学んでみたい」「日本の化学の未来は明るい」というように，代表生徒個人のレベルではなく，日本の化学にとってプラスとなる動きが生じることを願っている．例えば，テニスの錦織圭選手が注目を浴びはじめたとき，日本のテニス熱は明らかに増した[*4)]．このように，飛び抜けた能力をもつ若い人は，わずか一人で国全体に影響を与えるポテンシャルを秘めているのである．科学の分野でもっ

[*3)] 筆者は銅メダルであった．実は銅メダルは3位ではなく，参加者の上位6割である（詳細は本巻1章の1.2節（引率者の仕事，p.5）を参照）．
[*4)] 筆者と同い年ということで，錦織選手を例に出した．ちなみに，筆者のテニスラケットのフレームは昔の錦織モデルである．

とも注目を浴びるのはノーベル賞であるが，受賞者の年齢層は高く，将来を担う若い世代にとっては親近感が湧きにくいという面もある．それに対し，国際化学オリンピックの日本代表生徒は，若い世代にも大きな影響を与え得ると考えている．

　さて，国際化学オリンピックへの関心は増しただろうか？　ぜひ，高校化学とは一味違った世界レベルの化学を通して，化学の面白さにふれ，そして日本の化学を盛り上げる一員に，願わくは主役になってほしい．

　本シリーズを執筆するにあたっては，多くの方々のご協力をいただいた．特に，執筆の機会を与えてくださった，国際化学オリンピック日本委員会の関係者の皆様，そして本シリーズの出版にご尽力くださった朝倉書店編集部の皆様にお礼を申し上げたい．また，本シリーズの第2巻以降は，実際に国際化学オリンピックに出場し，国際化学オリンピックを世間に広めたいという趣旨に賛同してくれた多くのOBOGが執筆を行なっている．このような同志をもてたことを誇りに思う．そして，本シリーズを通してこの繋がりが広がってくれるならば，私にとって望外の喜びである．

　2019年3月

廣井　卓思

■監修　日本化学会 化学オリンピック支援委員会
　　　　日本化学会 化学グランプリ・オリンピック委員会オリンピック小委員会

永澤（ながさわ）　明（あきら）　埼玉大学名誉教授
中村（なかむら）　朝夫（あさお）　芝浦工業大学工学部教授
前山（まえやま）　勝也（かつや）　山形大学大学院有機材料システム研究科准教授
米澤（よねざわ）　宣行（のりゆき）*　東京農工大学大学院工学系教授

(五十音順，*は第1巻責任者)

■編集　国際化学オリンピックOBOG会

浦谷（うらたに）　浩輝（ひろき）　早稲田大学大学院先進理工学研究科在籍　第42, 43回大会出場
永澤（えいざわ）　彩（あや）　東京大学大学院工学系研究科在籍　第41回大会出場
遠藤（えんどう）　健一（けんいち）　東京大学大学院理学系研究科在籍　第41, 42回大会出場
齊藤（さいとう）　颯（はやて）　京都大学大学院理学研究科在籍　第42, 43回大会出場
廣井（ひろい）　卓思（たかし）*　東京大学大学院理学系研究科助教　第39回大会出場
山角（やまかど）　拓也（たくや）　京都大学大学院理学系研究科在籍　第44回大会出場

(五十音順，*は第1巻責任者)

■執筆者

浦谷（うらたに）　浩輝（ひろき）　早稲田大学大学院先進理工学研究科在籍　第42, 43回大会出場
遠藤（えんどう）　健一（けんいち）　東京大学大学院理学系研究科在籍　第41, 42回大会出場
齊藤（さいとう）　颯（はやて）　京都大学大学院理学研究科在籍　第42, 43回大会出場
中村（なかむら）　朝夫（あさお）　芝浦工業大学工学部教授
廣井（ひろい）　卓思（たかし）　東京大学大学院理学系研究科助教　第39回大会出場
前山（まえやま）　勝也（かつや）　山形大学大学院有機材料システム研究科准教授
米澤（よねざわ）　宣行（のりゆき）　東京農工大学大学院工学系教授

(五十音順)

目　次

1. 国際化学オリンピックの仕組み ……………………………………………… 1
   1.1 参加生徒の仕事 …………………………………………………………… 1
      1.1.1 安全指導・実験オリエンテーション ………………………… 1
      1.1.2 実験課題 ……………………………………………………………… 2
      1.1.3 筆記試験 ……………………………………………………………… 4
   1.2 引率者の仕事 ……………………………………………………………… 5
      1.2.1 引率者の構成 ……………………………………………………… 5
      1.2.2 問題の内容確定まで ……………………………………………… 5
      1.2.3 問題の翻訳 ………………………………………………………… 7
      1.2.4 答案の採点 ………………………………………………………… 8
      1.2.5 得点交渉 …………………………………………………………… 9
      1.2.6 各メダルの範囲の確定 …………………………………………… 9
   1.3 準備のときにしておけばよかったこと ……………………………… 10

2. 国際化学オリンピックの出題範囲と日本の高校化学の違い ……………… 13
   2.1 まず問題・課題のタイトルを見てみよう …………………………… 13
   2.2 国際化学オリンピックの出題範囲 …………………………………… 19
      2.2.1 シラバスとは ……………………………………………………… 19
      2.2.2 日本の高校での学習内容とどこが違うか ……………………… 21
      2.2.3 日本の学習内容との違いを埋める ……………………………… 25

3. 前もって確認しておきたい化学の基礎 …………………………………… 28
   3.1 本章で学ぶこと …………………………………………………………… 28
   3.2 入門編—化学未修者が学ぶミニマム— ……………………………… 30
      3.2.1 物質の量と化学反応 ……………………………………………… 30
      　実際の問題　第 41 回大会・問題 1　アボガドロ定数を計算する ……… 32

| 実際の問題 | 第38回大会・準備問題6　希ガスの発見 | 37 |
| 実際の問題 | 第42回大会・準備問題10　二酸化炭素　その1 | 39 |

3.2.2　熱と化学反応 …………………………………………………… 40
| 実際の問題 | 第35回大会・準備問題5　ボイラー | 43 |
| 実際の問題 | 第44回大会・準備問題6　シラン：熱化学と結合解離エンタルピー | 46 |

3.2.3　原子の構造 ……………………………………………………… 48
3.2.4　酸化と還元 ……………………………………………………… 51
3.2.5　有機物質とは何か ……………………………………………… 56

3.3　準備編—挑戦に向けてのさらなる一歩— ……………………… 62
3.3.1　平衡 ………………………………………………………………… 63
実際の問題	第37回大会・準備問題22　速度論と平衡論	65
実際の問題	第46回大会・準備問題7　応用熱力学	68
実際の問題	第38回大会・準備問題7　塩の溶解度	71

3.3.2　エントロピーとギブズエネルギー ………………………… 73
| 実際の問題 | 第43回大会・準備問題15　混合理想気体 | 74 |
| 実際の問題 | 第49回大会・準備問題1　酢酸の二量化 | 79 |

3.3.3　原子軌道の形と結合の形成 ………………………………… 81
3.3.4　ギブズエネルギー，平衡，電位の統一的なとらえ方 …… 87
| 実際の問題 | 第50回大会・準備問題16　鉄の化学 | 91 |

3.3.5　有機反応 ………………………………………………………… 93
3.4　世界の高校生としての心がけ …………………………………… 99

付録A．第2章（国際化学オリンピックの出題範囲と日本の高校化学の違い）の補足 …………………………………………………………… 105
A.1　2.2.1項（シラバスとは）の補足 ………………………………… 105
A.2　2.2.3項（日本の学習内容との違いを埋める）の補足 ……… 109

付録B．国際化学オリンピックの利用方法—高校化学教育の観点から— … 111
B.1　科目としての化学—問題点と改善策— ……………………… 111
B.1.1　化学の立ち位置 ……………………………………………… 111
B.1.2　第3章で扱う5つの小項目の学習方針 …………………… 116

B.2　5つの項目の具体的な学習方法 ……………………………………… 118
　　B.2.1　エネルギー（熱力学） ………………………………………… 118
　　実際の問題　第38回大会・準備問題10　エンタルピー，エントロピー
　　　　　　　および安定性 …………………………………………… 122
　　B.2.2　化学結合 ………………………………………………………… 123
　　B.2.3　無機化学 ………………………………………………………… 127
　　B.2.4　電気化学 ………………………………………………………… 132
　　実際の問題　第40回大会・準備問題13　溶解度積・酸化還元反応 …… 134
　　B.2.5　有機化学 ………………………………………………………… 136

文　献 ……………………………………………………………………………… 141

索　引 ……………………………………………………………………………… 143

1 国際化学オリンピックの仕組み

1.1 参加生徒の仕事

　国際化学オリンピックはスポーツのオリンピックと同様に，各国の代表が力を競い合う大会である．ただし，ここで競い合うのは「化学の力」である．では，各国の代表である参加生徒は実際どのような「競技」で化学の力を競うのだろうか．この節では，国際化学オリンピックでの参加生徒が受ける「安全指導・実験オリエンテーション」「実験課題」「筆記試験」を時系列で紹介する．

　なお，実際の大会ではこれらの競技的な仕事の合間に，他国の生徒との交流および開催地の文化の体験を目的としてエクスカーションとよばれるプログラムが設けられるが，ここでは割愛する．

1.1.1 安全指導・実験オリエンテーション

　まず，実験課題に先立ち，安全指導と実験オリエンテーション（写真 1.1）が行われる．

　安全指導では，実験室での服装（半ズボン，サンダル禁止など）や保護メガネを必ず着用することなどの注意が行われる．このような安全対策は日本の高校では教わらない場合も多いが，大学では一般的なものである．国際化学オリンピックでとくに危険な物質を扱うということではなく，化学の実験を行うためにはそれ相応の装備が必要ということである．

　実験オリエンテーションでは，本番の実験課題で使う特殊な実験器具や実験手法について説明が行われる．問題によっては参加生徒がはじめて使うような器具や，メーカーや国によって仕様が微妙に異なる器具を使う場合もあるので，ここで器具の使い方が周知される．実際に説明された器具の例としては，分光光度

写真 1.1 実験オリエンテーションの様子
IChO 2010 ウェブサイトより転載．©2007-2011 化学オリンピック日本委員会

計，ネスラー比色管，ガスビュレットなどがある（詳しくは 5 巻参照）．また，実験課題・筆記試験両方で使用する関数電卓（事前に配布）の説明も行われる．

なお，これらの説明はすべて英語で行われるが，写真や実物を使った説明が多く，それほど英語に堪能ではない参加生徒も理解できるよう配慮されている．

1.1.2 実験課題

化学において実験は非常に重要であることから，国際化学オリンピックでは筆記試験だけでなく実験課題（写真 1.2）も行われる．実験課題は通常 5 時間で，2～3 問の課題が与えられる．なお，言語力による差が生まれないよう，問題は引率者によってすべて各国語に翻訳されたものが与えられる．また，各国 4 人までの生徒が参加するが，あくまで個人戦であり，同じ国の生徒どうしは離れた場所で実験を行うよう配置されている．

5 時間で 2～3 問のまったく異なる実験を行うというのは，大学で行われる学生実験などと比べてもかなり窮屈な時間設定である．そのため，実験を正確に行う能力が必要なのはもちろんのこと，実験を手際よく行う能力も求められる．例えば，秤量を正確に行う必要のない試薬の秤量にこだわると，時間を浪費することになる．時には，1 時間ごとに経過を観察する，反応剤を加えて 30 分待つなど，時間のかかる操作が含まれていることもある．このような場合は複数の実験を並行して行い，効率よく時間を使う必要がある．このように時間が限られて

写真 1.2 実験課題の様子
IChO 2010 ウェブサイトより転載．©2007-2011 化学オリンピック日本委員会

いるため，実際に実験操作をはじめる前に実験内容をしっかりと理解し計画を立てておくことが推奨されており，それゆえ試験時間の前に例年 15 分程度の「問題を読む時間」が与えられている．この形式は，実験操作を教育するための高校や大学での実験実習とは異なり，むしろ目的のために必要な実験をこなしていく実際の化学研究の課題解決に即している．

課題の内容は，例年 1 つは滴定による定量実験，1 つは有機化合物の合成実験になっていることが多い．残りの 1 つは別種の滴定であったり定性実験であったり，ない場合もありさまざまである．

滴定の課題では未知試料の組成の決定や，反応速度の決定，平衡定数の決定などが出題される．そのため，容量分析の基本的な実験技術と，その原理を理解し得られた値から目的の値を求める能力が求められる．

有機合成の課題では所定の反応を行い，生成物を提出するという課題が多い．生成物の収率および純度が採点されるため，できるだけ多く・できるだけ純粋な化合物を得る技術が問われる．そのため，試薬どうしを反応させるだけでなく，分液抽出や再結晶といった精製操作に至る有機合成の基本技術が問われる．また，薄層クロマトグラフィー（TLC）による反応混合物や生成物の分析が課されることも多い．その他に，与えられた NMR スペクトルなどの情報を用いつつ目的物や副生成物の構造を推測する問題など，若干の理論問題も出題される．

その他，大会ごとに趣向をこらしたさまざまな課題が出題される．実験操作や課題の詳細については 5 巻で紹介する．

1.1.3 筆記試験

　実験課題から1日空けて，筆記試験（写真1.3）が行われる．試験時間は5時間と長く，問題は大問が10問程度と多い．こちらも開始前に15分間の問題を読む時間が与えられることもあり，あらかじめ解く順番を考えることになる．

　問題の内容は多岐にわたり，計算で値を求める問題から，グラフを描いて解析を行う問題，反応機構などの理論を問う問題，合成に必要な試薬や反応の生成物を答える問題などが出題される．日本の大学入試とは異なり，暗記した知識より思考力が重視されている．そのため，必要な公式や定数などは与えられており，沈殿の生成や物質の色といったような単純な知識を問う問題はほとんどない．また，関数電卓が配布されるためたくさんの計算をすばやくこなす計算力そのものはそれほど必要なく，計算問題では考えて立式する能力を重視している．そのため計算過程を書く欄も設けられており，採点の対象となる．なお，翻訳時に改ざんやニュアンスの変化が起こることを避けるため，文章を記述する問題は出題されない．

　ちなみに，長丁場の試験ということで，飲み物が配布され，またフルーツやチョコレートなどの軽食が用意されていることもある．試験中に飲食をするという，日本ではあまり見られない独特な雰囲気がある．

　2つの試験を終えたら，参加生徒はあとは結果を待つのみとなる．実験課題40点満点，筆記試験60点満点の合計点で順位が決まり，順位に応じたメダルが授与される．

写真1.3 筆記試験の様子
IChO 2010 ウェブサイトより転載．©2007–2011 化学オリンピック日本委員会

1.2 引率者の仕事

　国際化学オリンピックは学術コンテストの1つであるため，主催者が用意した問題を参加者が解きその得点で順位が決まる，という点では他の多くの試験と変わらない．実際には，問題の内容を確定させ，生徒の得点を決め，順位を決めるという各過程に独特の仕組みがあり，そこでは各参加国の引率者が限られた時間の中で奔走(ほんそう)している．この節では，大会期間中の引率者の役割と仕事について順を追いながら説明していく．

◆ 1.2.1　引率者の構成

　国際化学オリンピックには，大会そのものに参加する高校生だけではなく，それを陰でサポートする引率者も各国から派遣される．引率者にはメンターとサイエンティフィック・オブザーバーという2つの立場があり，後で述べるように権限が若干異なる．1つの国からメンターとサイエンティフィック・オブザーバーを各2名まで派遣することができ，日本の場合は上限である計4名参加するのが通例となっている．これとは別にゲストという少しあいまいな立場での参加もあるが，ここでは説明を省略する．引率者は大学教員を中心に構成されているが，第44回アメリカ大会（2012年）からは日本代表のOBやOGもサイエンティフィック・オブザーバーとして派遣されるようになった．

◆ 1.2.2　問題の内容確定まで

　そもそも本大会では，主催者が用意した問題がそのまま課題・問題に使われるわけではない．もちろん主催者側も時間をかけて用意しているので，課題・試験問題としての「質」が低いために手直しが必要になるというわけではない．国際コンクールとして要求される問題の妥当性や参加生徒への公平性を保つため，生徒が試験問題を目にするまでに各国の引率者からの意見を反映した修正がなされていく．引率者はあらかじめ問題と解答を知ることになるので，試験問題の漏洩(ろうえい)を防ぐために生徒は試験終了まで通信機器を回収され，さらに引率者と生徒の間もつねに数十km離れるように工夫された形で，参加生徒と引率者でスケジュールが別に組まれる．「引率者」とはいうものの，大会期間中に生徒と顔を合わせ

写真 1.4 Jury meeting での投票の様子
色の異なる，それぞれ賛成および反対を意味する投票用紙を使って意思を表示する．
紙の使い回しによる票の水増しを防ぐために，会議ごとに別の柄の紙が配られる．

る時間はほとんどないのだ．

　実際に問題内容が確定するまでの過程を説明しよう．まず主催者側が作成した問題の草案が実験課題・筆記試験実施日の各 2 日前に引率者に配られる．引率者はその草案をすみからすみまで読み込み，学術的に誤りを含んでいる点や，解答する上であいまいさが生じそうな点，あるいは難易度が高すぎる点などをピックアップしていく．国際化学オリンピックでは，予告なしに出題してもよい範囲が定められていて，関係者の間では「シラバス」とよばれている（2.2.1 項（シラバスとは，p. 19）で詳述）．それを超えた内容を出題するときには，主催者は大会 6 か月前に公開する準備問題の中でふれておくことで周知する必要がある．逆にいえば，準備問題でくり返し問われている範囲は本大会で出題される可能性が高く，代表生徒に対する教育訓練で扱う内容を決める上で重要な情報になる．

　問題の草案を引率者に通知した後，草案を作成した出題者に直接質問する時間が設けられるので，草案から生じた疑問点をその場で出題者に指摘し，意見を交換する．その議論に基づいて修正の施された試験問題が Jury meeting とよばれる会議（写真 1.4）で提示される．修正案に対してさらに修正が引率者から提案

されることもあるため，Word ファイルの試験問題をプロジェクターで投影しながら，その場でどんどん変更が加えられていく．

　メンターとサイエンティフィック・オブザーバーの違いは Jury meeting での発言権の有無であるが，実際にはあまり気にせずみんな思ったことを発言している．最終的に提案された修正案を受け入れるかどうかは，各国 1 票の投票による多数決で決められる．すんなりと全会一致で決まることもあれば，各国の間で利害が相反したために議論が錯綜(さくそう)することもある．自国の強化訓練で扱った内容は残し，扱っていない部分を試験問題から除外したいのは，どこの国も共通である．なお，大会期間中に Jury meeting は 4 度開催され，試験の内容だけでなく後述のように採点基準やメダルの境界線なども決める重要な会議となる．

　また実験課題に関しては，試験に先立って引率者が実験室の備品や配布される器具・試薬を現地でチェックする時間が設けられる．不備があれば交換や補充を申し出て，試験当日に生徒がとまどうことがないように配慮する．実験室の視察は問題の草案が配られる前に行われるため，チェック前に配布される試薬や器具のリストから試験内容を想像するのも引率者の隠れた楽しみ（？）の 1 つである．

▶ 1.2.3　問題の翻訳

　問題の内容が確定したら，英語で作成されている公式版を母語に翻訳する作業に移る．数十ページにわたる英文の翻訳を確認まで含めて 1 日で終わらせる必要があり，英語圏でない国にとってはなかなか大変な作業である．

　まず引率者の専門分野に合わせて問題を割り振り，各々で翻訳版の叩き台をつくる．次に引率者全員で集まって，原文と比較しながら翻訳の草案を吟味・修正していく．問題の翻訳では英語を的確に日本語にするのはもちろんであるが，生徒が設問について間違った解釈をしたり，内容が不十分な答案をつくったりしないよう，英文の直訳では抜け落ちてしまうニュアンスを適宜補う必要がある．とくに，Jury meeting で懸念を表明したにもかかわらず修正が施されなかった箇所については，翻訳を工夫することによって生徒が混乱する可能性を極力減らしていく．

　草案に手直しを入れた後は，誤訳や翻訳漏れがないかを徹底的に見直し，修正をくり返し，最終版を印刷して大会本部に提出すれば翻訳業務は完了となる．過去には，とある国の翻訳版で問題が丸ごと 1 つ抜け落ちていたせいで，その国の

生徒全員が大問1個分の得点を失ってしまった例がある．確認作業は気を抜くことができない．例年，日本チームが最終版を提出するのは最後から一桁番目になることが多いのだが，これは翻訳の作業に多くの国の言語に比べて時間をとられるためだけではなく，時間が許す限り確認をくり返して行っているのが主な理由である．

ちなみに，公式版の問題が英語で用意されるからといって英語圏の国が公式版をそのまま使うとは限らない．公式版をつくっているのは多くの場合ネイティブの英語話者ではないので，問題の意図が完全に伝わるように少し手直ししたり，読みやすいように言い回しを変えたりするといった微修正は，それらの国でも行われているようである．遊んでからゆっくり作業をはじめた南半球のとある英語圏の国は，「翻訳作業」終了が日本より遅かったこともあった，と聞いている．

◤ 1.2.4　答案の採点

国際化学オリンピックの理論試験においては，公平に採点できるように言語に依存しない構造式や数式，あるいは選択肢といったものが解答として要求される．実験課題ではそれらに加えて，生徒が行った実験の結果そのものも評価の要素の1つである．

試験問題と同様，採点基準も Jury meeting で議論した上で決定される．理論試験では問題内容とともに採点基準も決めていくが，実験課題に関しては実験を実施した後に主催者側が採点基準を提示し，Jury meeting で討論する．実験課題では，試薬の調製に問題があったことが明らかになるなどして，一部の設問が採点対象外になるなど評価の重みづけが変わることもあるためである．すべての採点基準が決まったら引率者も生徒の答案の写しを受け取り，主催者側と引率者側で別々に採点が行われる．採点もなかなか骨が折れる作業で，完全な正答ではないが解く道筋が途中までは合理的な答案や，途中で勘違いをしたまま先に進んでしまっている答案などがあるので，部分点の採点基準とにらめっこしながら点数をつけなくてはならない．

国際化学オリンピックの採点における特徴として，ダブルパニッシュメント（二重の減点）を行わないという原則がある．例えば，ある問題で誤った答えを導いてしまったとしよう．その答案に基づいて以降の問題を解くと，芋づる式に多数の設問が不正解となってしまう．このような評価は国際化学オリンピックと

してふさわしくないとの理念のもと，論理・思考の評価をしっかり行うべく，考え方自体は適切だったが前提となる数値などが誤っていたせいで正答にたどり着けなかった場合，その設問では減点しないことになっている．したがって生徒にとっては，問題を解く過程の式などを解答用紙の中にしっかりと残すことで，問題の解き方そのものが妥当であったことをアピールしていくことが重要になる．実際には，無造作に答えの数字だけが書かれていたり読みにくい字でびっしり書かれていたりした，引率者泣かせの答案が現れることがしばしばあるのだが……．

◆ 1.2.5 得点交渉

採点が終わると，次はその得点に関して引率者と主催者で交渉を行う．主催者は限られた時間の中で 300 人近い生徒の答案を採点するので，得点可能な部分を見落としていたり解釈の違いがあったりと，引率者が求めた得点よりも低くなっている場合が多い．そういった部分に関して，なぜ得点が与えられるべきかを引率者が主催者側の担当者にアピールし，納得させて点数を加算していく．主催者側も，安易に妥協するといくらでも点数を与えることになってしまうので，会議室で両者は激しいせめぎ合いをみせることになる．

◆ 1.2.6 各メダルの範囲の確定

スポーツのオリンピックでは，上位から順に金，銀，銅のメダルが各 1 人に与えられるが，国際化学オリンピックをはじめとする科学オリンピックではある程度の範囲の成績にある生徒に対応するメダルが与えられる．国際化学オリンピックの場合はおおよそ，理論問題・実験課題の合計得点の順位における上位 10%程度が金メダル，その下 20%程度が銀メダル，さらにその下 30%程度が銅メダルに該当する．したがって，全体のうち 60%ほどの生徒はメダルを獲得することができる．そうなると，メダルの線引きをどこで行うかが大問題となる．

きっちり上から 10%，というように区切ってもよいのだが，実際には基準となる順位の周辺で大きな点差が開いているところをメダルの色の区切りとしようとすることが多い[*1)]．何位までにどのメダルを与えるかは最後の Jury meeting で決めるが，引率者は自国生徒の点数を把握しているので，区切りとなる点数を

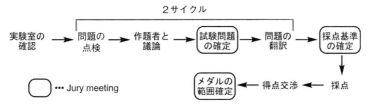

図1.1 引率者の仕事の流れ

実際に会議中に出してしまうと,ボーダーに届かなかった国が猛反対するのは目に見えている.そのため,点数ではなく点差だけが書かれた一覧表や,点数を伏せたグラフが使われる.閉会式で発表されるまでは引率者もメダルの色を知らないことになるので,実は生徒と同じくらい緊張しながら閉会式で名前を呼ばれるのを待つことになる.

ここまで紹介した引率者の仕事の流れを簡単な図にすると図1.1のようになる.試験内容の討論や翻訳は理論試験と実験課題でそれぞれで行われるので,実際には図1.1よりもたくさんの仕事が7日間にわたって待ち受けている.

1.3 準備のときにしておけばよかったこと

この本の読者の大多数は,これから国際化学オリンピックに挑戦するか,挑戦したいと考えているはずだ.「代表選考にも本大会にもよく準備を」といいたいところではあるが,準備といっても一体何をすればよいのか戸惑ってしまう人が多いだろう.この節では,筆者自身の反省も交え,選考や大会に備える上でのポイントについて考えてみる.これから代表を目指す,あるいは代表として本大会に臨む皆さんにとってのヒントになれば幸甚である.

第42回日本大会(2010年)で代表生徒の1人であった筆者は惜しいところで金メダルに手が届かなかった.金メダル以外意味がないというわけではもちろん

---

*1) 最近の大会規約の改正によって2019年の第51回大会からは,基準となる範囲の中で最も大きな点差が開いているところでメダルの色を自動的に区切り,Jury meetingではその境界を承認するのみとなった.点数そのものが最後まで開示されないのはこれまでと同様である.境界の基準自体はこれまでと大差がないため各メダルを受け取る生徒の割合はあまり変わらない(若干少なくなる)が,より公平性が保たれる上にJury meetingでの手間を省くことができる.

ないのだが，少し悔しい思いが残ったのを今でも覚えている．あと一歩よい結果を残すためには，準備でどのようなことに気をつけていればよかったのだろうか？

　問題を解くために何よりも重要であるのは，基本的な知識や解法を確実に使えるようにしておくことだろう．出題範囲は日本の高校化学の内容を大きく超えているので，新たに学ばなくてはいけない内容がたくさんあるが，ただ「覚える」のではなく「使える」ようにすることが肝心である．次章以降を読めば分かるが，国際化学オリンピックにおいては百科事典的な知識の暗記はあまり必要とされていない．やみくもに式や結果を覚えるのではなく，体系的に理解することが重視されている．「なぜそのようになるのか」「それにどのような意味があるのか」「他の知識との関係はどうなっているのか」といった点に注意しながら勉強し，自分なりに知識を整理するよう心がけるとよい．まめに演習問題を解き，実際に知識を使っていく練習をすることも大切だろう．筆者は，ある問題でごく基本的な有機反応の生成物の構造を間違え，手痛い失点をした．一応「知っている」反応だったのだが，その知識をうまく「使う」ことができなかったのだ．本番の緊張や疲れもあったとはいえ，もっと練習を積んでいれば，この種のミスは防げていたのではないかと思う．

　基本的な知識を押さえておけば理屈上はどの問題も解けるはずだが，それだけでは必ずしも十分でないと筆者は考えている．問題を解くためには研究者的な思考力がある程度要求され，それは学校の教科書や問題集だけではなかなか身につかない．国内外を問わず，国際化学オリンピックで高い成績を残した人の多くは純粋に化学（あるいはそれ以外の分野も含む自然科学）が好きで，試験範囲にこだわらず自分の興味ある分野について話すことがしょっちゅうあった．自分の好きな分野を深く学んでいくことを通して，より実際の研究に近い見方や考え方を身につけていたように思われる．一方筆者はというと，「君はどんなことに興味があるの？」と聞かれると「うーん……．」と答えに困ってしまうことが多かった．もちろん筆者も当時から化学が好きだったが，試験のことを意識しすぎるあまり，自分自身の興味を追究する余裕を失っていたのではないかと思う．逆説的ではあるが，試験範囲にこだわらず，面白そうだと思う分野を自由に掘り下げてみることも重要なのではないだろうか．それは結果として問題を解く力を養うことにつながるし，何より，自身の今後の進路や学び方を考えるための重要な材料となるだろう．数年以上が経った今，当時を振り返ってみると，一番「やってお

けばよかった」ことはそれかもしれない，と感じる．

　国内の代表選考や本大会で出会う代表候補や代表には大変優秀な人が多いから，周囲を見てプレッシャーを感じることがあるかもしれない．それをバネとして頑張っていけるに越したことはないが，人によっては自信をなくしてしまうこともあるだろう．しかし，これから一人前の研究者や技術者，あるいはその他の専門的職業人になるまでにはまだ時間も学ぶこともたくさんあり，評価軸もそれぞれの専門分野ごとに異なってくるから，高校生の時点での達成度の差はそれほど決定的な意味をもたない．まわりとの比較にこだわりすぎず，自分なりのベストを尽くし，自分の知りたいことをどんどん学んでいけばよいと筆者は考えている．

　国際化学オリンピック規則第1条には「独創性を発揮しつつ問題に挑戦する生徒が，実力の向上に役立てるほか，世界の仲間たちとつくる友好・協力関係を通じて国際理解の増進につなげることも目的とする．」との文言がある．成績は成績で重要だが，究極的には生徒自身の成長の糧となることがこの大会の目的のはずである．国際化学オリンピックにチャレンジすることが，皆それぞれにとって価値ある経験となることを願っている．

2 国際化学オリンピックの出題範囲と日本の高校化学の違い

2.1 まず問題・課題のタイトルを見てみよう

表 2.1 は，2004 年の第 36 回ドイツ大会から 2018 年の第 50 回スロバキア／チェコ大会までの，本大会で出題された問題一覧である[*1]．これにあるように，理論問題と実験課題とに分けられて出題される．この表を参考にしながら，出題される問題の傾向をみてみよう．

理論問題に関しては，年によって多少のばらつきはあるものの，分析化学，無機化学，物理化学，有機化学の 4 分野からそれぞれ 2 問程度が出題される傾向にある．そのため，すべての分野に対しての深い理解が求められている．

分析化学では，滴定や分光法とよばれる手法を用いて，溶液中に存在する溶質の濃度を求める問題が多く出題されている．濃度を求めるために行った操作においてどのような反応が起こっているのかを，酸と塩基・酸化と還元といった基本的な概念をもとに理解することが肝要である．また，溶液中にはさまざまな化学種が混在しており，それぞれの物質の濃度を推定するためには，溶液中の平衡の知識が必要不可欠である．基本的な考え方は高校の化学でも扱うが，より進んだ議論ができるよう，2 巻で詳細に解説を行う．分析化学の特徴として，多くの計算が必要となる点が挙げられる．関数電卓の使用は認められているものの，ミスのない計算を行うためには訓練を要する．

無機化学に関する，国際化学オリンピックで特徴的な問題としては，未知の化合物に対するさまざまな実験結果に基づいて，化合物の組成を導き出す問題が挙げられる．

[*1] 日本が国際化学オリンピックに高校生を派遣しているのは，第 35 回ギリシア大会（2003 年）以降である．

表2.1 国際化学オリンピックで出題された問題

回	問題	タイトル	分類
第36回ドイツ大会（2004年）	1	熱力学	物理
	2	触媒表面における反応速度	物理
	3	一価のアルカリ土類金属？	無機
	4	原子量の決定	分析
	5	生化学と熱力学	分析
	6	ディールスアルダー反応	有機
	7	医薬品における立体化学	有機
	8	コロイド	分析
	P1	2,2-ビスプロパンの二段階反応による有機合成	有機
	P2	超電導材料の定性・定量分析	分析
第37回台湾大会（2005年）	1	アミドとフェノールの化学	有機
	2	有機合成と立体化学	有機
	3	有機光化学，光物理	物理
	4	アジアの黄金の首都	分析
	5	ルイス構造	無機
	6	水のアルカリ度とCO_2の溶解度	分析
	7	オゾンの挙動	物理
	8	タンパク質のフォールディング	物理
	P1	D,L-フェニルグリシンの合成と光学分割	有機
	P2	未知の無機試料の同定	無機
第38回韓国大会（2006年）	1	アボガドロ数	物理
	2	水素の検出	分析
	3	星間物質の化学	物理
	4	DNAの化学	生物
	5	酸-塩基の化学	分析
	6	電気化学	分析
	7	水素エコノミー	物理
	8	酸化鉄の化学	無機
	9	フォトリソグラフィー	有機
	10	天然物一構造解析	有機
	11	酵素反応	分析
	P1	逆相クロマトグラフィーと分光光度測定を用いた分析	分析
	P2	逆相クロマトグラフィー：酢酸とサリチル酸の中和滴定	分析
	P3	有機化合物の定性分析	有機
第39回ロシア大会（2007年）	1	プロトントンネル現象	物理
	2	ナノ化学	物理
	3	不安定な複数の化学反応	物理
	4	フィッシャー滴定による水の定量	分析
	5	不思議な混合物（有機化合物のかくれんぼ遊び）	有機
	6	地殻の主成分であるケイ酸塩	無機
	7	アテローム性動脈硬化症とコレステロールの生合成中間体	有機
	8	ATRPが新しいポリマーを与える	高分子
	P1	アミノ酸のイオン交換クロマトグラフィーによる定量	分析
	P2	研磨剤中の炭酸イオンとリン酸一水素イオンの定量	分析
第40回ハンガリー大会（2008年）	1	溶液濃度とpH	分析
	2	ナフタレンの反応	有機
	3	ヴィンポセチンの合成と反応	有機
	4	エポキシドの反応と立体化学	有機
	5	バリウムの反応	無機
	6	クラスレートの構造	無機
	7	ジチオンイオンの反応	物理
	8	水の光分解	分析
	9	タリウムの反応	無機
	P1	五酢酸α-D-グルコピラノースの合成	有機
	P2	亜鉛化合物の同定	分析
	P3	無機化合物の定性分析	無機
第41回イギリス大会（2009年）	1	アボガドロ定数を計算する	分析
	2	星間での水素形成	物理
	3	タンパク質のフォールディング	物理
	4	Amprenavirの合成	有機
	5	エポキシ樹脂	有機
	6	遷移金属錯体	無機
	P1	環境に優しいアルドール縮合	有機
	P2	銅(II)錯体の分析	分析
	P3	界面活性剤の臨界ミセル濃度	分析
第42回日本大会（2010年）	1	希ガスの分析	物理
	2	無機化学小問	無機
	3	化学的酸素要求量の分析	分析
	4	リチウムイオン電池	無機
	5	光電子スペクトル	物理
	6	$C_8H_{10}O$の異性体	有機
	7	テトロドトキシンの反応と合成	有機
	8	重合反応	高分子
	9	包接化合物の平衡	物理
	P1	ハンチエステルと尿素-過酸化水素	有機
	P2	目馴しを比色分析を使ったFe(II)とFe(III)の定量	分析
	P3	分析に登場する高分子	高分子
第43回トルコ大会（2011年）	1	窒素酸化物の反応	物理
	2	アンモニアの水溶液	分析
	3	水素分子の量子論	物理
	4	燃料電池	無機
	5	ポリ窒素化合物	無機
	6	金のチオ硫酸による浸出	無機
	7	カルバ糖の合成	有機
	8	クリック反応	有機
	P1	混合塩化物の分析	分析
	P2	アンモニア-ボランからの水素発生	物理
	P3	ジアステレオマー混合物の合成，精製と分離	有機

表 2.1 国際化学オリンピックで出題された問題（続き）

回	問題	タイトル	分類
第44回アメリカ大会（2012年）	1	ホウ素化合物	無機
	2	白金錯体	無機
	3	チオモリブデン酸イオンの平衡	分析
	4	超伝導体の成分分析	分析
	5	DNA の反応	有機
	6	varenicline の合成	有機
	7	Diels-Alder 反応を触媒する人工酵素	有機
	8	多環芳香族炭化水素	物理
	P1	速度論的同位体効果同位体効果によるアセトンのヨウ素化の反応機構の解析	物理
	P2	Salen マンガン錯体の合成と生成物の化学式の決定	無機
第45回ロシア大会（2013年）	1	クラスレート爆弾	物理
	2	光合成の分割―ヒル反応	無機
	3	Meerwein-Schmidt-Ponndorf-Verley 反応	物理
	4	単純な無機実験	無機
	5	グラフェンの性質のシンプルな推測	物理
	6	シクロプロパン 極めて単純で極めて気まぐれな	有機
	7	多様な過マンガン酸イオン滴定	分析
	8	独特の生命体：古細菌	生物
	P1	2,4-ジニトロフェニルヒドラゾンの合成	有機
	P2	プールの水の Langelier 飽和指数の決定	分析
	P3	粘度測定による分子量の決定	物理
第46回ベトナム大会（2014年）	1	箱の中の粒子：ポリエン	物理
	2	解離ガスサイクル	物理
	3	高原子価銀化合物	無機
	4	ツァイゼ塩	無機
	5	水中の酸塩基平衡	分析
	6	化学速度論	物理
	7	アルテミシニンの合成	有機
	8	ハッカ：八角	有機
	9	ヘテロ環化合物の合成	有機
	P1	鉄(III)イオンによるヨウ化物イオンの酸化―チオ硫酸滴定反応による速度測定	物理
	P2	アルテミシニン誘導体の合成	有機
	P3	水和したシュウ酸鉄(II)亜鉛（複塩）の分析	分析
第47回アゼルバイジャン大会（2015年）	1	新しい冷媒と忘れ去られた古い冷媒	物理
	2	化学反応の間の連結	物理
	3	ふたつの結合中心―競合か協同か？	物理
	4	黄色い粉から別の黄色い粉へ：簡単な無機のなぞなぞ	無機
	5	欠かすことができないグルコース	分析
	6	パンは人生の糧	分類
	7	パンのみにて生くるにあらず	分類
	8	石油で生きる，石油を生きる	分析
	P1	触媒によって最適化された臭素化の選択性	有機
	P2	クロム-バナジウム合金の溶液の分析	分析
	P3	ジクロフェナクの速度論的定量	物理
第48回ジョージア大会（2016年）	1	窒素とフッ素の化合物	無機
	2	酸化銅(I)	無機
	3	食塩中のヨウ素の定量	分析
	4	ジオキサンと医薬品の反応	物理
	5	無機顔料	無機
	6	ガランタミンの合成	有機
	7	吐き気止めの合成	有機
	8	糖の分析	有機
	P1	無機化合物の定性分析	分析
	P2	フッ化物イオンと塩化物イオンの定量	分析
	P3	有機化合物の定性分析	分析
第49回タイ大会（2017年）	1	不均一触媒を用いるプロペンの製造	物理
	2	速度論同位体効果とゼロ点振動エネルギー	物理
	3	化学反応の熱力学	物理
	4	電気化学	分析
	5	土壌に含まれるリン酸イオンとケイ酸イオン	分析
	6	鉄	無機
	7	化学構造のパズル	無機
	8	シリカの表面	無機
	9	これはなんだ？	有機
	10	アルカロイドの全合成	有機
	11	ひねりの効いたキラリティー	有機
	P1	酸塩基指示薬とその pH 測定への適用	分析
	P2	ヨウ素酸カルシウム	分析
	P3	炭素骨格の構築	有機
第50回スロバキア／チェコ大会（2018年）	1	DNA	物理
	2	中世における遺体の帰還	物理
	3	電気自動車の台頭	物理
	4	放射性銅のカラムクロマトグラフィー	分析
	5	ボヘミアンガーネット	無機
	6	キノコ狩りへ行こう	有機
	7	シドホビル	有機
	8	カリオフィレン	有機
	P1	漂白剤を使ったハロホルム反応	有機
	P2	輝く時計反応	物理
	P3	ミネラルウォーターの同定	分析

問題番号に「P」がついている問題は実験課題．

例として，第47回アゼルバイジャン大会（2015）の理論問題4「黄色い粉から別の黄色い粉へ：簡単な[*2)]無機のなぞなぞ」の問題文を以下に抜粋する．

> 黄色の二元化合物（2種類の元素のみからなる化合物）X1は加熱した濃硝酸にすべて溶け，その際発生した気体の密度は空気の1.586倍であった．その溶液に過剰量の塩化バリウムを加えると，白い固体の沈澱X2が生じたので，それを濾過した．濾液は過剰量の硫酸銀水溶液を加えると反応し，2種類の固体X2とX3の沈澱を生じたので，ここから濾過により取り除いた．この濾液に水酸化ナトリウム水溶液を滴下して，溶液をほぼ中性（pH 7付近）にした．このとき，黄色い粉末X4（Agを質量で77.31%含む）が溶液から析出した．X4の質量は最初に析出したX2の質量のほぼ2.4倍であった．物質X1～X4の化学式を決めよ．

問題文を読んでも，何から手をつけたらよいのか分からないかもしれない．しかし，このような問題も基礎的な知識を組み合わせることによって，論理的に答えを導き出すことが可能なのだ．この点については，2巻で詳細に解説を行う．

物理化学では，おもに熱力学と反応速度論の2つのテーマについての問題が多い．熱力学は，高校化学で学ぶ熱化学方程式に対応している．しかし，国際化学オリンピックおよび大学の物理化学では，熱に相当するエンタルピーに加えてエントロピーとよばれる別の量を使って，物質や化学反応のエネルギーについて考察をしていく．学習を進めれば，「化学反応がどちらに進むか」といった基本的な疑問に，数式を使って答えることができるようになるはずである．一方，反応速度論は，「化学反応がどのくらいの速さで進むか」についての答えを教えてくれる．また，物理化学の特徴として，溶液だけではなく気体の反応についても同様に扱えるという点がある．さまざまな現象を統一的にとらえる美しい理論体系と，その応用例としての国際大会の本問題を，3巻で紹介していく．

有機化学で特徴的な問題は，出発物質と反応条件が与えられ，そこからどのような物質が合成されるのかを穴埋めで答える形式である．逆に，最終生成物と反

[*2)] 公式のタイトルに「簡単な」とあるが，それほど簡単ではないので，分からなくても落胆しないでほしい．

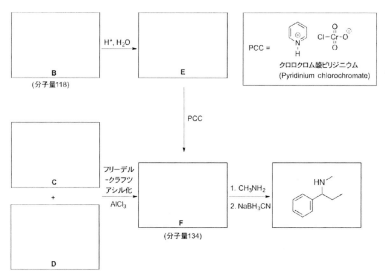

図 2.1 第 49 回大会の問題 9「これはなんだ?」の問 2

応条件が与えられ,どのような物質から合成されたのかを答える場合もある[*3)].例として,第 49 回タイ大会（2017 年）の問題 9「これはなんだ?」の問題を図 2.1 に示す.穴埋め問題ではあるが,埋まっていない穴の方が多く,困惑するかもしれない[*4)].しかし,解を導くために必要な条件はすべて記されている.このような問題を楽しむためには,高校化学を大きく超えた,大学レベルの有機化学の知識が必要となる.ぜひ 4 巻を読み,挑戦してもらいたい.

便宜上 4 つの分野に分けて紹介したが,1 つの問題の中で複数の分野の知識が必要となる場合もあり,例えば第 41 回イギリス大会（2009 年）の理論問題 1「アボガドロ定数を計算する」は,結晶構造解析・放射化学（3 巻 2.3 節（放射化学））・熱力学という 3 つの分野から,それぞれ異なるアプローチでアボガドロ定数（3.2.1 項（物質の量と化学反応,p.30））を求めるというユニークな問題であった.

[*3)] 日本では,例えば算数ドリルの 2+3=○というように,出発点を与えてゴールを目指すような問題形式が一般的であるが,海外では○+○=5 のように,ゴールを示して出発点を考えるような問題形式も多い.

[*4)] なお,この問題には続きがあり,次の問題では 11 個中 10 個が空欄である.

実験課題に関しては，ほぼ毎年滴定の問題が出題されている．滴定は，濃度が分かっている溶液を用いて，対象となる溶液の濃度を正確に求める実験手法である（2巻3.2節（滴定）および5巻2.3節（滴定））．高校化学でも酸塩基滴定や酸化還元滴定という形で学ぶことになっており，実験の原理自体はそれほど複雑ではない．しかし，滴定中に溶液中で何が起こっているかを理解した上で，実験で正確に濃度を決定するのは容易ではない．化学の実験技術を見る上で差がつきやすいためか，滴定の種類は異なるものの，出題が続いている．

　有機化学・無機化学に関する実験としては，多くの場合，物質の合成か定性分析のどちらかが出題される．物質の合成では，問題の指示に従って有機化合物や金属錯体を合成し，生成物を提出する．そして，提出した生成物の収率と純度に応じて得点が与えられる．問題文の通りに操作を行えば，誰が行っても同じ物質が同じ量だけ同じ純度で得られるはずで，差がつかないように思うかもしれない．しかし，実際の合成においては，問題文に明示されていないけれども気をつけなければいけないことが数多くあり，得られる生成物の量や純度は実験者によって有意に異なる（5巻2.2節（合成と分離））．一方，定性分析では，何が入っているのか分からない数多くの試料が少量ずつ与えられる．そして，それらの試料に他の試薬を加えたり，あるいは試料どうしを混ぜ合わせたりすることによって，中に入っているものが何かを探り当てる（5巻2.1節（定性分析））．合成実験では中にどんな分子が存在しているのかを意識して実験することが重要であったが，定性実験では対照的に実験を通して中にどんな分子が存在しているのかを考えるのである．定性分析は国際化学オリンピックの試験に特徴的な実験であり，パズルを解くような楽しさがある．

　その他の実験で比較的多く出題されるのは，溶液の色の変化を通して反応の速度や溶液の濃度を決定するという実験である．化学反応がどのように進んでいるのかは，通常は目で見ても分からない．しかし，もしも反応物が着色しており，生成物が無色透明の場合，反応が進むにつれて溶液の色は薄くなるだろう．このような色の変化を観測することによって，反応速度を実験的に決定することができる（5巻2.4節（反応速度論））．また，溶液の色は，溶液濃度が高いほど濃くなる．そのため，溶液の色の濃さを正確に測定すれば，滴定を行うことなく溶液の濃度を決定することができる（5巻2.5節（吸光度測定））．

　この他，国際化学オリンピックで特徴的な点として，開催国に関連した問題がよくみられる．例えば第42回の日本大会（2010年）では，日本で開発されたリ

チウムイオン電池に関する問題（理論問題4「リチウムイオン電池」）や，フグの毒として知られるテトロドトキシンに関する問題（理論問題7「テトロドトキシンの反応と合成」）が出題されている．他にも，第46回のベトナム大会（2014年）ではハッカク（理論問題8），抗マラリア薬（理論問題7，実験課題2）に関する問題，第47回のアゼルバイジャン大会（2015年）ではエアコン（理論問題1），ザクロ（理論問題7），石油（理論問題8）に関する問題が出題されるなど，開催地の特色・特産物を反映した問題になることも多い．

なお，本番で出題される問題は，次節の2.2.1項で紹介する「シラバス」の範囲内で出題することが決まっており，発展的な内容（Advanced Difficulty）を出題する可能性がある場合は，準備問題（次節参照）公開時に事前に告知される．例えば，第45回ロシア大会（2013年）では，理論問題において相図・三重点が，実験問題において粘度測定が事前に告知され，実際に出題された[*5]．

2.2 国際化学オリンピックの出題範囲

2.2.1 シラバスとは

国際化学オリンピックでは高校生の「化学の力」が競われるが，ここでは化学の研究成果が審査されるわけではない．化学に関する問題が与えられ，それを解く力を競うコンテストが行われるのである．だが，いくら各国トップクラスの生徒が出場するといっても，作題者が無制約で好きなようにつくったらとても手に負えなくなるであろう．

そのため国際化学オリンピックでは，その大会規則で出題範囲が定められている．ちょうどピアノのコンクールみたいに，「これとこれとこれの3曲が課題曲で，試験ではこの中の1曲を弾いてもらうからね」というような仕組みである．大会規則では，出題対象とする項目を列挙する形で示しており，これが通称「国際化学オリンピックのシラバス」（以下，シラバス）である．シラバスはこれまでに何度か見直しが重ねられてきたが，2008年に定められたものが現行版として現在まで使用されている[*6]．

[*5] 3巻1.2節（平衡），5巻（3.6節，粘度測定）で紹介する．
[*6] シラバスは不定期に改訂される．日本化学会のウェブサイトなどでその時点のシラバスを確認してほしい．なお，2019年夏に改訂が予定されている．

さて，シラバスに挙げられた項目の中でも，難易度によって2段階に線引きがされている*7).「これくらいは誰でも知っているよね」と「知っていた方がよいに決まっているが無理強いするわけにもいきません」というふうである．そして，「誰でも知っているよね」という項目（実際のシラバスから抜粋したものを次項に掲載しているので参照してほしい）は，無条件で問題・課題に出題してよいことになっている．一方，「無理強いするわけにもいきません」とされた項目や，そもそもシラバスには挙げられていない項目については，事前にそのことを周知しなければ出題してはならない，と大会規則（本巻付録A（第2章（国際化学オリンピックの出題範囲と日本の高校化学の違い）の補足, p. 105）参照）で定められている．

では，どのようにしてそれが事前に知らされるのであろうか？　実は，国際化学オリンピックでは，開催の半年前（1月末）までに準備問題というものが公開される．開催国が運営する大会ホームページで英語版は誰でも見ることができる．それより少し遅れるが，日本語翻訳版も日本化学会のウェブサイトで公開される．準備問題は理論問題と実験課題あわせてだいたい40問で，「誰でも知っている」範囲を超えた問題を本大会に出題するためには，この準備問題で複数問にわたってふれられていることがその条件となる．さらに，準備問題の最後の問題の後ろには「難しいことだけれど出すよ（可能性大だよ）」という項目を挙げたリスト（Advanced Difficulty）もつけられていて，これも周知の手段ということになっている．

実は，この準備問題は「無理強いできない」レベルに区分された項目の出題範囲をあらかじめ把握するためだけでなく，その年の問題の傾向をおさえるという意味でもたいへん役立つ．すでに説明したように出題範囲はシラバスに定められているのだが，あくまでも各国トップレベルの生徒向けのコンテストであるから，単にその項目に関する知識を問うたところでさほど点差がつかないだろうということは想像にかたくない．したがって作題者は，生徒の真の力を試せる問題をシラバスの範囲内で作成しようと知恵を絞ることになる．だが，作題者それぞれのシラバスの解釈により難易度が毎年異なってしまうのだ．けれども，準備問題の出題傾向は本大会の問題と非常によく似ているため，難易度が予想でき，実際，日本代表に選ばれる生徒はこれをおおいに活用して準備することになる．

---

*7) 実は，現行の2008年版よりも1つ古い2004年版の方がこの区分がわかりやすい．適宜参照してほしい．

このように国際化学オリンピックには出題範囲をとりきめた「シラバス」というものが存在している．もちろんある程度の知識は必要だが，知っていることを存分に使いこなし考える力を競ってほしいというのが真の狙いである．決して「何でもかんでも覚えて来なさい」というものではない．この本を手にした皆さんには，おそれることなく本大会への出場を目指してチャレンジしてほしい．

2.2.2　日本の高校での学習内容とどこが違うか

　前項で述べたように，国際化学オリンピックには「シラバス」とよばれるものがあって，出題範囲が示されている．日本の高校生が国際化学オリンピックにチャレンジすることを想定しよう．このシラバスの内容と高等学校の指導要領の内容の間に，どのぐらいの違いがあるのだろうか．また，どのあたりに顕著な違いがあるのだろうか．シラバスにおいて「参加生徒の全員が既習と考えてよい事項」に指定された項目を一覧できるようにし，日本の教科書で扱われているかどうかについて示してみた．

　比較に用いたのは，「国際化学オリンピック規則 2008 年版」[*8)]と代表的な教科書出版社 4 社（東京書籍，実教出版，啓林館，数研出版）発行の平成 26 年度版「化学基礎」ならびに「化学」の教科書（高等学校）である．

　ただし，学習内容（授業内容）が十分であるかないかの判断基準には当然幅があり，その判断には必然的に主観が入り込む．以下に示したものはあくまでも筆者の主観に基づくもので，どこかの組織の公式見解とか合意事項といった，客観性のあるものではないことをお断りしておく．

　以下，
- 波線 で示した部分は，日本の教科書ではまったくふれられていない項目
- 二重下線 で示した部分は，教科書に「発展」あるいは「参考」としてのみ記述のあるもの
- 下線 で示した部分は，教科書に一応記述はあるが，実際に問題を解くなどの応用に役立つようには記述されていないもの
- 点線 で示した部分は，その他

を示している．なお，必要に応じて，[ ] 内に注釈を示した．

---

*8) http://icho.csj.jp/regulation.htm （2019 年 3 月 7 日閲覧）

■ 参加生徒の全員が既習と考えてよい事項
● 概　念
- 実験誤差の見積もり，有効数字［日本の方が進んでいる．国際的には，有効数字を意識するよう生徒に要求するのは無理だという考えが一般的］
- 通常高校レベルで習う数学の技法（二次方程式の解法，対数と指数の使用，2変数の連立方程式の解法，三角関数（sin, cos），幾何学の基礎（ピタゴラスの定理など），グラフのプロット）．より高度な数学（例えば，微分や積分）は，必要があればAdvanced Difficulty（準備問題に組み込めば問題に使える概念）に含める．
- 核子，同位体，放射性壊変（α崩壊，β崩壊，γ崩壊）［物理で扱われる］
- 水素類似原子の量子数（n, l, m）と s, p, d 軌道
- フントの規則，パウリの排他律
- 典型元素と第4周期遷移元素（およびイオン）の電子配置［遷移元素のイオンの電子配置は扱われていない］
- 周期表と元素の性質（電気陰性度，電子親和力，イオン化エネルギー，原子半径，イオン半径［教科書によっては「発展」扱い］，融点，金属性，反応性）
- 化学結合（共有結合，イオン結合，金属結合），分子間力，分子間力が生む性質
- 分子構造と単純な VSEPR（valence shell electron pair repulsion：原子価殻電子対反発）理論（電子対4個まで）
- 化学反応式，組成式，モル，アボガドロ定数，化学式をもとにした計算，密度，いろいろな濃度単位を使う計算
- 化学平衡，ルシャトリエの原理，濃度・圧力を使った平衡定数［一部の教科書だけで取り上げられている］・モル分率を使った平衡定数
- アレニウスとブレンステッドの酸・塩基，pH，水の電離，酸・塩基解離平衡の平衡定数，弱酸の pH，きわめて薄い水溶液の pH，単純な緩衝液，塩の加水分解
- 溶解度積と溶解度
- 錯形成反応，配位数，錯形成定数
- 電気化学の基礎，起電力，ネルンストの式，電気分解，ファラデーの法則
- 化学反応の速度，素反応，反応速度を左右する要因，均一反応と不均一反応

の反応速度式，反応速度定数，反応次数，化学反応のエネルギー図，活性化エネルギー，触媒，触媒が反応の熱力学と速度論に及ぼす影響
- エネルギー，熱と仕事，エンタルピー，熱容量，ヘスの法則，標準生成エンタルピー，溶解・溶媒和・結合エンタルピー［反応熱・生成熱・溶解熱・結合エネルギーとして］
- エントロピー，ギブズエネルギー，熱力学の第二法則，自発変化の向き
- 理想気体の状態方程式，分圧
- 直接滴定と間接滴定（逆滴定）［一部の教科書だけで「発展」として取り上げられている］
- 中和滴定，中和滴定の滴定曲線，中和滴定における指示薬の選択
- 酸化還元滴定（過マンガン酸塩滴定，ヨウ素滴定［教科書によっては扱われていない］）
- 単純な錯形成滴定と沈殿生成滴定
- 無機イオンの定性分析の基本原理，炎色反応
- ランベルト–ベールの法則
- 有機化合物の構造と反応性の相関（極性，求電子性，求核性，誘起効果，相対的な安定性）
- 構造と性質の相関（沸点，酸性度，塩基性度）
- 単純な有機化合物の命名法
- 炭素原子の混成軌道と結合の幾何学
- σ 結合と π 結合，非局在化，芳香族性，共鳴構造
- 異性（構造異性，立体配置異性，立体配座異性，互変異性）
- 立体化学（E-Z 表示，シス–トランス異性体，キラリティ，光学活性，R-S 表示，フィッシャー投影図）
- 親水性基と疎水性基，ミセル形成
- ポリマーとモノマー，連鎖重合と，逐次重合のうち重付加と縮合重合
- 実験スキル
  - 実験台上での加熱，還流加熱［実際に経験したことはほとんどないと思われる］
  - 質量と体積の測定（電子天秤，メスシリンダー，ピペット，ビュレット，メスフラスコ）
  - 溶液の調製・希釈，標準溶液

- マグネチックスターラーの操作［実際に経験したことがない生徒が多いと思われる］
- 試験管を使う化学反応
- 指示に従う官能基の定性試験
- 容量分析，滴定，安全ピペッターの操作
- pHの測定（pH試験紙，較正済みのpHメーター）

　以上，シラバスの一覧を見て気づくのは，シラバスと日本の高校化学の間で乖離が著しいのは，電子軌道や分子構造に関する理論と，熱力学におけるエンタルピー，エントロピー，ギブズエネルギーの概念の習得状況である．全体として，シラバスは，化学研究を生業（なりわい）とする人材を育成する専門高等教育の内容に直接的につながっており，日本では，大学の初年次前期の一般化学で学習する内容とほぼ変わらない内容になっている．それに対して，日本の指導要領に従った高校までの教育内容の場合は，大学での習得内容との間にかなり大きなギャップが存在しているといえる．

　一方で実験スキルに着目すると，まず分析化学では，容量分析，すなわち滴定が基本であることは日本の指導要領に従った教育内容でもシラバスでも変わらないが，「概念」のところに書かれているように，シラバスでは，中和滴定だけでなく，酸化還元滴定（過マンガン酸塩滴定とヨウ素滴定）や錯形成滴定，沈澱生成滴定についても原理を理解し，実験を行うことが前提とされている．実際，国際化学オリンピックの実験課題では，このような各種滴定を使った容量分析の実験課題が，毎年のように出題されている．

　有機化学実験では，加熱還流操作が必修となっており，有機反応実験の経験が求められている．国際化学オリンピックの課題では，加えて吸引濾過や薄層クロマトグラフィー（TLC）が要求される．これらの「高度な実験技術」は，あらかじめ「準備問題」に出題することによって本番の出題範囲に含めることができることになっているが，そもそも準備問題に挑戦する前に，ある程度は有機反応実験を経験していることが前提となっているのである．高校の理科の実験はどんどん減っていて，諸外国と比べて極端に少ないことがシラバスとの乖離をさらに大きくしているといえる．代表生徒，候補生徒に対しては特別訓練などで対応することになる．（化学一教科の対応で抗うことができるものではないこともまた厳然たる事実である．日本全体の問題として意識していく事は必要であろう．）

理論分野においても，現状の日本の高校教育の化学にはものたりない点がいくつかある．その中の大きな2つを考えてみよう．まず1つは，エンタルピー，エントロピー，ギブズエネルギーの概念を教えていないために，反応や状態の自発変化の向き（反応や状態変化がどちらの向きに進むか）という物理化学において非常に重要なテーマを扱うことができないことである．もう1つは，電子の軌道や化学結合の仕組みについてきちんと教えていないために，さまざまな物質の性質の違いが何に基づいているのかについて，十分な議論をすることができないということである．とくに有機化学においては，なぜその反応が起きるのかを考えて説明する手段がまったく与えられていないために，ひたすら反応例を覚えるだけに終わってしまっている．これらのことが，化学は暗記の科目だと思わせてしまったり，統一感のない散漫な科目だという印象を与えたりする原因になっているのではないだろうか．これらの問題については，付録で詳しく論じる．

2.2.3　日本の学習内容との違いを埋める

　2.2.2項（日本の高校での学習とどこが違うか，p. 21）では，国際化学オリンピックで出題される化学の範囲のうち参加生徒が既習と考えてよい事項（＝世界標準の高校化学）と日本の高校化学との違いを整理し，分析した．日本の高校生が学校で教わっている化学と，世界各国の高校生が教わっている化学を比べると，ずいぶん違うところがあるということを感じたのではないだろうか．その中で，国際化学オリンピックに挑戦する上で埋めておかないといけない（諸外国の高校生に追いついておかなくてはならない）とくに重要なポイントは以下の3点である．

- 自由エネルギーの概念
- 化学結合
- 有機物質の種類とその反応

それぞれについて，「どういったことが世界標準の高校化学と比べて不足しているのか」をここで簡単に解説したい．中高生の皆さんにとってはまだ学校では教わっていない，難しい用語がたくさん登場するので，読み飛ばしてもらってもかまわない．

■自由エネルギーの概念

　高校の化学ではエネルギーを近似するものとして「熱」を使って学ぶようになっている．つまり自由エネルギーの概念については，現状の高校の化学では

扱っていない．「熱」すなわちエンタルピーまでしか対応しておらず，エントロピーを扱っていないからである．途中で熱力学の議論を展開するのが難しく，不十分な物理化学の議論にとどまってしまっている．平衡についても化学の体系を理解する上での根拠，意味づけがあいまいにならざるを得ない．この状況に対しては，気体分子運動論を切り口に物理化学の精密な考え方を学ぶことができる．そこから，示強量と示量量に分けて気体の物理化学を整理し，さらに定性的な統計力学に展開することで，「化学の考え方」として納得されるものになることが期待できる．

■化学結合

化学結合については，定性的な分子軌道法の考え方を理解するのを目標としたい．おそらく，現行の高校化学では化学結合の扱いとして，結合のエネルギー，生成エンタルピー，解離エンタルピーに相当する量を学習していると思われる．立体電子的なアプローチとしても，電子密度・電荷密度ということで，「軌道の位相」や「軌道の重なりと安定化・不安定化」までは立ち入っていないと思われる．その影響と思われるが，陽イオンと陰イオンの静電引力のみで説明しようとする傾向が強く，これは大学進学後にも尾を引いている．定性的ではあっても，分子軌道の視点で考える力がほしい．

■有機物質の種類とその反応

3つ目は，有機物質の種類とその反応である．有機化学については，日本の高校生の大部分がほぼ完全に暗記と受け止めているのが実態だろう．一方，多くの国では，生活に密接に関わり，「生体の主要構成要素物質」「機能を利用する物質」「変化を利用する」，さらに「人間の体と金属や無機材料などの他の範疇の材料とのインターフェイス材料」の観点での学習が導入されている．とくに，医薬や天然物，食品など生物の体の営みにおける役割の化学的な整理，天然と非天然系の高分子物質・材料に関する学習は，化学の教育における比重が高まっている．人間が利用している性質と有機物質の構造，そしてそれに基づく化学的および物理的性質を関連づけて眺める姿勢を心がけてほしい．

ここまで読んだ中高校生の皆さんは，「何をいわれているのかさっぱりわからない」「結局どうしたらよいのかまったく見当がつかない」というのが本音であろう．だが安心してほしい．次の章ではこの3つのポイントが身につくよう，入門編と準備編の2ステップで勉強していく流れになっている．次章で学ぶ項目と

図 2.2 第3章で学ぶ内容とおさえるべき3つのポイントの関係

3つのポイントの関係は図2.2のようになる．それでは，次章でいよいよ学習をはじめよう！

3 前もって確認しておきたい化学の基礎

3.1 本章で学ぶこと

　第2章では，日本の高校化学と国際化学オリンピックで求められる化学（＝世界レベルの高校化学）との間にどのような違いがあるのかについて，国際化学オリンピックの「シラバス」の一覧を示しながら述べ，そして日本の高校化学では優先的に何を埋めるべきかを提案した．過去の代表生徒の多くは，この違いを埋めるための参考書として大学初年次あるいは上級学年で使うような教科書を利用している[*1]．しかし，高校化学の基礎がしっかりしていない段階で大学の教科書を読んでもなかなか知識は定着しない．そこで，ここからは高校化学をあまり学んでいない，もしくはなんとなくしか学んでいない読者でも2巻以降の解説を読むことができるようになることを目標に，最低限必要となる知識や考え方をまとめて概説する．以下で解説する事項は，無機・分析化学，物理化学，有機化学といった分野の根底にある知識や考え方であるので，すべての読者に理解してもらいたい．

　具体的な話に入る前にここではまず，理解してもらいたい概念をおおまかにまとめておく．3.2節（入門編—化学未修者が学ぶミニマム—, p. 30），3.3節（準備編—挑戦に向けてのさらなる一歩—, p. 62）を読んで学習を進め，理解を深めてほしい．

　化学は，さまざまな原子，そして原子から構成される物質を扱う学問である．

[*1] 国際化学オリンピックの代表候補生徒（国内の化学グランプリで上位の成績をおさめた者，あるいは日本化学会から推薦を受けた者で，国際化学オリンピックに出場する代表生徒の候補となった者のこと）には，例年大学で使われるレベルの教科書が配付される（以下は2017年に配付された教科書）．
- 『アトキンス物理化学要論』（第6版）（東京化学同人）
- 『シュライバー・アトキンス無機化学』（第6版）上巻（東京化学同人）
- 『ボルハルト・ショアー現代有機化学』（第6版）上・下巻（化学同人）
- 『溶液内イオン平衡に基づく分析化学』（第2版）（化学同人）

そのため，原子とはどのような構造をしているのか，そしてそこからどのようにして分子のような安定さと不安定さの両方を併せ持つ原子の集まりがつくられるのかについての理解が出発点となる．次に，非常に小さい原子・分子を定量的に取り扱うために必要不可欠な「モル（mole）」の概念について解説をする．これは，約 $6×10^{23}$ 個[*2)]という非常に大きな個数を 1 単位とする数え方である．お菓子をつくるときに材料の量をグラム（g）で表すように，実験をするときに使う試薬の量はモル（mol）という単位でも表す．

続いて重要な概念として，高校化学でも扱う「平衡」がある．化学反応は反応物から生成物ができるように記述することが多いが，実際には生成物から反応物に戻る向きの反応も起きている．そして，生成物と反応物の濃度や圧力の間には平衡定数とよばれる量で表される一定の関係が存在することを学ぶ．さらに，なぜ反応が一方向ではなく双方向に進むのかを，熱力学の観点から説明する．熱力学は，高校化学での学び方と大学での学び方が大きく異なる部分であるが，すべての分野に必須の知識と考え方であるため，しっかりと学んでほしい．

次に，化学反応を理解するための基本的な概念である酸化と還元，そしてその代表例として電気化学について概説する．高校で学ぶ「イオン化傾向」といった概念がどのようにして定量的に記述されるのかを理解してほしい．

最後に重要なのが有機物質とその反応について理解することである．この部分もシラバスと高校化学の乖離が大きい．国際化学オリンピックで出題される有機化学の問題を解くためには，非常に多くの反応を理解する必要がある．しかし，どんなに複雑な反応も，結局は単純な反応の組み合わせとしてとらえることができる．ここでは，複雑な反応を考える上で必要となる，基本的な反応について理解してもらいたい．

加えて，国際化学オリンピックという試験に臨むにあたって必要となる，答案作成への心構えについても述べる（3.4 節（世界の高校生としての心がけ，p. 99））．各国トップクラスの頭脳をもった高校生が集まる化学の祭典において，日本代表の生徒としてどのようにあるべきか，そしてどのような人に代表になってほしいかにも通じる部分があり，ぜひ目を通してほしい．

なお，2 巻以降はそれぞれ独立して読めるように配慮しているが，それでもな

[*2)] アボガドロ数とよばれる．あまりに大事な量のため，10^{23} という部分から，日本化学会は 2014 年から 10 月 23 日を「化学の日」としている．詳しくは 3.2.1 項（物質の量と化学反応，p. 30）を見てほしい．

お不明な点がある場合は，まずは本章の内容を復習することをおすすめする．

3.2 入門編―化学未修者が学ぶミニマム―

3.2.1 物質の量と化学反応

■化学反応における物質の量のバランス

　化学を学ぶにあたって，まず理解しておかなければならないのは，物質が原子や分子とよばれる粒子からできているということである．私たちが日常的に目にする物質は，ある程度の大きさと重量をもつ物体で，切れ目なくつながっているように見えるが，実はそれらは，非常に小さな粒子の集まりである．とくに化学においては，物質が分子や原子からできていることを，つねに意識する必要がある．

　物質Ａと物質Ｂが反応して物質Ｃができるとき，ＡとＢは一定の比率で反応し，一定の比率でＣを与える．例えば，水素と酸素が反応して水が生成するとき，水素1gが酸素8gと反応して水9gが生成するが（図3.1a），水素1gが酸素10gと反応して水11gが生成するということは，決して起こらない．水素1gと酸素10gを反応させようとすれば，水素1gが酸素8gと反応して水9gが生成し，酸素2gがあまる（図3.1b）．このことに最初に気づいて，これを「定比例の法則」として定式化したのは，ジョセフ・プルーストである（1799年）．後にジョセフ・ルイ・ゲーリュサックは，反応する気体の体積の間にも，一定の比率があることを見出した（「気体反応の法則」，1808年）．（ちなみに，水素1Lは酸素0.5Lと反応する．）

　そして後にジョン・ドルトンは，なぜこのような比例関係が成立するか考えた末に，物質は原子からできているという結論にたどり着いた（原子説，1803年）．今日では，高解像度の透過型電子顕微鏡（TEM）や走査型プローブ顕微鏡

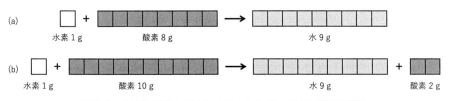

図3.1　水素と酸素の反応による水の生成における質量の関係

(SPM）を使って，原子を直接見ることができるが，当時，原子の存在を人々に納得させるのは非常に困難であった．しかし，原子の存在を仮定することによって，化学反応をよりよく理解することができるため，原子説は次第に定着していったのである．

今日では，水素と酸素から水が生成する反応は次のような化学反応式で表される．

$$2H_2 + O_2 \longrightarrow 2H_2O \qquad (3.1)$$

これを分子・原子のレベルで表現すると，次のようになる．

$$\qquad (3.2)$$

ただし，ここで ○ は水素原子を ● は酸素原子を表す．水素原子2個が結合して水素分子を形成しており，また，酸素原子2個が結合して酸素分子を形成している．水分子は，水素原子2個と酸素原子1個で構成されている．

化学の教科書では式（3.1）のような化学反応式を用いるが，化学者の頭の中には，つねに式（3.2）のようなイメージがあると思えばよい．化学反応は，つねに分子と分子の間で起きており，実際に目の当たりにする物質の変化は，個々の分子の反応が積み重なった結果である．したがって，化学反応を考える際にはつねに，反応に関わる粒子の数を意識する必要がある．

式（3.2）を見ると分かるように，反応式の左辺にある水素の原子数と右辺にある水素の原子数は等しく，また，酸素についても左辺と右辺で原子数が等しい．すなわち，化学反応に際しては，原子の種類と数には変化はなく，原子間の結合の組み替えだけが起こっているのである．

ところで本項の最初に，水素と酸素が反応して水が生成する際に質量比では水素：酸素＝1：8で反応すると書いた．このことと，式（3.1）あるいは式（3.2）の化学反応式はどのように対応するのだろうか．

水素原子1個の質量は 1.67×10^{-24} g，酸素原子1個の質量はその16倍で 2.66×10^{-23} g である．水素分子と酸素分子の質量は，それぞれこれらの2倍となる．したがって，1gの水素（H_2）には約 3×10^{23} 個（1g÷1.67×10^{-24} g÷2）の水素分子が含まれており，一方，8gの酸素（O_2）には約 1.5×10^{23} 個（8g÷2.66×10^{-23} g÷2）の酸素分子が含まれている．水素：酸素が質量比で1：8のとき，分子数の比は2：1になる．したがって，水素：酸素の質量比を1：8にすれ

ば，ちょうど式（3.2）に表した粒子数の比，すなわち2：1で反応することができるのである．

■粒子数を数える単位―モル―

化学反応を考える際には，粒子の数を考えることが大切だと述べたが，日常的に扱う量の物質の粒子数は，上の例のように膨大な数であり，このままでは扱いにくい．そこで，鉛筆を「ダース」で数えるように，ある一定の数の粒子をまとめて扱うことを考える．そのまとまりの単位として考え出されたのが「モル (mol)」である．

1モルは，アボガドロ数（$6.02214076 \times 10^{23}$ 個）の粒子の集まりと定義されている．アボガドロ数の粒子の集団を単位としてはかった粒子数を物質量といい，その単位は mol である．

1 mol の原子あるいは分子の質量をモル質量という．水素原子のモル質量は 1.008 g mol^{-1} *3)，酸素原子のモル質量は 16.00 g mol^{-1} である．一方，水素分子のモル質量は 2.016 g mol^{-1}，酸素分子のモル質量は 32.00 g mol^{-1} となる．1 mol あたりの粒子数（$6.022 \times 10^{23} \text{ mol}^{-1}$ というように単位をつけたもの）をアボガドロ定数という*4)．

実際の問題

第41回イギリス大会 問題1 アボガドロ定数を計算する（一部改変）

問1 金の結晶中には，1辺の長さが 0.408 nm の立方体あたり4個の原子が含まれている．金のモル質量（金原子 1 mol あたりの質量）を 196.97 g mol^{-1}，密度を $1.93 \times 10^{4} \text{ kg m}^{-3}$ として，アボガドロ定数を求めよ．

アボガドロ定数を N_A で表すものとする．モル質量は N_A 個の原子の質量だから，原子1個の質量は（$196.97 \text{ g mol}^{-1}/N_A$）．したがって，密度を求める計算式は

---

*3) g mol^{-1} は 1 mol あたりのグラム数を表し，g/mol と同じ意味である．本書では g mol^{-1} の表記を用いる．
*4) 国際単位系（SI）の基本単位の新しい定義が 2018 年 11 月の国際度量衡総会において決議・承認され，2019 年 5 月 20 日に施行されることになったが，この新しい基本単位においては，アボガドロ定数は不確かさのない定数として，厳密に $6.02214076 \times 10^{23} \text{ mol}^{-1}$ と定義されることになった．

$$1.93\times10^4\text{ kg m}^{-3}=1.93\times10^7\text{ g m}^{-3}=\frac{4\times\dfrac{196.97\text{ g mol}^{-1}}{N_A}}{(0.408\times10^{-9}\text{ m})^3} \quad (3.3)$$

となる．これを解くと，$N_A=6.01\times10^{23}\text{ mol}^{-1}$ が得られる．

 この方法は，かつて実際にアボガドロ定数の精密な値を決定する際に用いられた．ケイ素（シリコン）の安定同位体（後述）の1つである ^{28}Si の高純度の単結晶の球体を作製し，その結晶構造と密度を精密に測定することによって，アボガドロ定数が求められた[*5]．

■ 原子量，分子量とモル質量

 上の例題の解説の中に，「安定同位体」という言葉が出てきたが，同じ元素の原子でも，質量の異なるものが存在する．それを同位体という．同位体は，原子核に含まれる陽子の数は同じでも中性子の数が異なる元素で，化学的性質はほぼ同じであるが，中性子の数が異なるため，互いに質量が異なる（3.2.3項（原子

表3.1 主な元素の同位体の相対質量と天然存在比

原子番号	元素名	同位体	相対質量	天然存在比(%)	原子量
1	水素	^{1}H	1.0078	99.9885	1.008
		^{2}H	2.0141	0.0115	
5	ホウ素	^{10}B	10.013	19.9	10.81
		^{11}B	11.009	80.1	
6	炭素	^{12}C	12	98.93	12.01
		^{13}C	13.003	1.07	
7	窒素	^{14}N	14.003	99.632	14.01
		^{15}N	15.000	0.368	
8	酸素	^{16}O	15.995	99.757	16.00
		^{17}O	16.999	0.038	
		^{18}O	17.999	0.205	
9	フッ素	^{19}F	18.998	100	19.00
11	ナトリウム	^{23}Na	22.990	100	22.99
17	塩素	^{35}Cl	34.969	75.78	35.45
		^{37}Cl	36.966	24.22	

[*5] https://www.aist.go.jp/aist_j/new_research/2012/nr20120227/nr20120227.html（2019年1月28日閲覧）

の構造, p. 48) も参照). 同位体の中には, 不安定で放射線を出しながら崩壊する（他の元素に変わっていく）ものもあり, それらは放射性同位体とよばれる. 放射性同位体でないものは, 安定同位体という.

表3.1に, 代表的な元素について, 天然に存在する同位体とその存在比を示した. フッ素やナトリウムでは, 天然に存在する同位体は1つだけである. 水素, 炭素, 窒素および酸素には複数の同位体が存在するが, そのうちの1つがほぼ100%を占めている. ホウ素や塩素のように, 複数の同位体がそれぞれ, ある程度の存在比を占めている場合もある. 複数の同位体が存在する場合には, 天然の元素1 mol の質量は, それぞれの同位体1 mol の質量の加重平均[*6)]になる.

表中の相対質量とは, 炭素原子1個の質量を12としたときの各原子の相対的な質量を示している. 質量数12の炭素原子1 mol の質量が12 g である（モルの定義が変わった（本章の脚注4を参照）ので, 不確かな数値）から, 相対質量の値に g をつけたものは, その同位体1 mol の質量である. したがって, 例えば天然のホウ素のモル質量は, 次のような加重平均の計算によって求めることができる.

$$10.013 \text{ g mol}^{-1} \times \frac{19.9}{100} + 11.009 \text{ g mol}^{-1} \times \frac{80.1}{100} = 10.811 \text{ g mol}^{-1} \quad (3.4)$$

このようにして, 加重平均で算出したモル質量の値から g をとったものが, 原子量である. 1つの同位体が100%近くを占めている場合には, 原子量は整数に近い値になるが, ホウ素, マグネシウムや塩素のように, 複数の同位体がそれぞれある程度の存在比を占めている場合には, 原子量は整数に近い値にならないのが普通である.

さてここで, 式(3.1), 式(3.2)の反応に戻って, 水が生成するときの質量のバランスについて, もう一度詳しくみてみよう. 水素2分子が酸素1分子と反応するということは, 集団として見れば, 水素2 mol が酸素1 mol と反応するということである. 水素分子は水素原子2個で構成されているから, 水素2 mol の質量は 2 mol×2×1.008 g mol^{-1}=4.032 g である. 同様にして酸素1 mol の質量は 1 mol×2×16.00 g mol^{-1}=32.00 g であるから, 4.032 g の水素が32.00 g の酸素と過不足なく反応することになる. このとき, 質量保存の法則[*7)]が成り立つはずだから, 生成する水の質量は, 4.032 g+32.00 g=36.03 g となるはずである.

[*6)] 式(3.4)のように構成成分の存在比に応じて重みづけをした平均値のこと.
[*7)] 化学反応の前後で物質の総質量は変化しないという法則. フランスの化学者ラボアジェが, 実際に化学反応の前後の質量を測定することによって見出した.

表 3.2 分子量，式量とモル質量

化学種	化学式	原子量		分子量(式量)	モル質量
ヘリウム	He	He	4.003	4.003	4.003 g mol^{-1}
銅	Cu	Cu	63.55	63.55	63.55 g mol^{-1}
酸素	O$_2$	O	16.00	32.00	32.00 g mol^{-1}
水	H$_2$O	H	1.008	18.016	18.016 g mol^{-1}
		O	16.00		
塩化ナトリウム	NaCl	Na	22.99	58.44	58.44 g mol^{-1}
		Cl	35.45		
硝酸イオン	NO$_3^-$	N	14.01	62.01	62.01 g mol^{-1}
		O	16.00		

　一方，水分子は水素原子 2 個と酸素原子 1 個で構成されているので，水分子 1 mol の質量は $2×1.008$ g mol^{-1}＋16.00 g mol^{-1}＝18.016 g mol^{-1} である．生成するのは水 2 mol だから，その質量は $2×18.016$ g mol^{-1}＝36.032 g である．当然のことながら，この 2 通りの計算の結果は，互いに一致する．

　水素分子のモル質量から単位を取った数値 2.016 や，酸素分子のモル質量から単位を取った数値 32.00，あるいは水分子のモル質量から単位を取った数値 18.016 は分子量とよばれる．分子量は，構成原子の原子量の総和である．同位体に注目すると，水は，^{1}H^{16}O^{1}H，^{2}H^{16}O^{1}H，^{1}H^{17}O^{1}H，^{2}H^{17}O^{1}H など，さまざまな同位体組成の分子の集まりであり，水の分子量はこれらの分子の相対質量の加重平均である．

　金属やイオン化合物（陽イオンと陰イオンからなる化合物）の場合には，結晶中で原子やイオンが無限に並んでおり，分子という区切りは存在しない．この場合，物質の種類を表すには，成分元素の原子の数をもっとも簡単な整数比にした組成式が使われる．組成式で表される物質の相対質量は，式量を用いて表す．式量は，組成式に含まれる元素の原子量の総和である．イオン式で表される化学種の相対質量も，式量で表す．いくつかの化学種について化学式，原子量，分子量，モル質量の表 3.2 にまとめたので参照してほしい．

■ **気体の体積と物質量**

　さて，水素と酸素は常温で気体である．大気圧下 100℃ 以上の温度で反応を行えば，生成する水も気体である．水素と酸素の反応を体積比でみると，どのよう

になるのだろうか．実は，体積比では，ちょうど水素：酸素＝2：1で反応し，水素と同じ体積の水が生成する．反応式を体積で表すと，次のようになる．

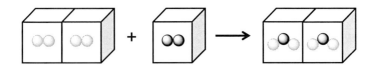

(3.5)

　気体状態では，気体分子の種類によらず，1分子が同じ体積を占める．したがって，気体分子の種類によらず，1 mol が同じ体積を占める．1 mol の気体が占める体積は，気体の種類によらず，0℃，1 atm（$1.013×10^5$ Pa）（これを標準状態という）で 22.4 L である*8)．

　ところで，気体の密度はモル質量とモル体積（1 mol あたりの体積）を使って，次のように表すことができる．

$$気体の密度(g\,L^{-1}) = \frac{モル質量(g\,mol^{-1})}{モル体積(L\,mol^{-1})} \qquad (3.6)$$

気体のモル体積は気体分子の種類によらず一定であるから，密度はモル質量に比例する．すなわち，分子量に比例することになる．したがって，モル体積の分かっているとき，密度を正確に測定すれば分子量を求めることができる．

　混合気体の密度，例えば空気の密度は，空気 1 mol の質量をモル体積で割った値であるから，空気の各成分のモル質量を使って求めることができる．空気の主要な成分は（体積百分率で），窒素78％，酸素21％，アルゴン1％であるから，空気のモル質量は次のようになる．

$$\left(28.02 \times \frac{78}{100} + 32.00 \times \frac{21}{100} + 39.95 \times \frac{1}{100}\right) g\,mol^{-1} = 28.97\,g\,mol^{-1} \qquad (3.7)$$

したがって標準状態における空気の密度は

$$\frac{28.97\,g\,mol^{-1}}{22.4\,L\,mol^{-1}} = 1.29\,g\,L^{-1}$$

である．

　以上をまとめると，粒子数（モル）と質量，気体の体積の間には，図3.2のような関係がある．

---

*8) これは理想的な条件での話で，実際には，この体積から少しはずれる．標準状態で 1 mol が 22.4 L を占めると考える仮想的な気体を，理想気体という．

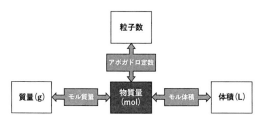

図 3.2 物質の量を表す物理量の相互関係

実際の問題

第 38 回韓国大会　準備問題　問題 6　希ガスの発見

1882 年にレイリーは，プラウトの仮説[*8)]を検証するため，気体の密度を正確に再決定することを試みた．

空気から酸素を除去して高純度な窒素を得るため，レイリーはラムゼーに勧められた方法を用いた．空気を液体アンモニア中に通じ，続いて赤熱した銅を含む管に通すと，管内で酸素がアンモニアから生じる水素と反応し，消費された．過剰のアンモニアは，硫酸を用いて除去された．水も除去された．

6-2　空気中の酸素がアンモニアと反応して消費される反応の化学反応式を示せ．空気の組成（体積百分率）は，窒素 78％，酸素 21％，アルゴン 1％であると仮定する（ただし，レイリーはまだこのことを知らない）．反応式には空気中の窒素とアルゴンを含めて記せ．

空気を 78 mol の窒素と 21 mol の酸素と 1 mol のアルゴンの混合物と考えて，反応式を立てる．アンモニアと酸素は 4：3 で反応するので（$4NH_3+3O_2 \longrightarrow 2N_2+6H_2O$），21 mol の酸素を消費するためには 28 mol のアンモニアが必要である．この反応によって窒素 14 mol と水 42 mol が生成するが，もともと空気中には 78 mol の窒素が含まれているので，窒素の総量は 92 mol である．したがって反応式は以下のようになる．

$$28NH_3+21O_2+78N_2+Ar \longrightarrow 92N_2+42H_2O+Ar$$

[*8)] イギリスの化学者ウィリアム・プラウトが唱えた，水素原子はすべての物質のもとになる基本的な物体であり，他の元素の原子は複数の水素原子が集まってできたものであるという仮説．そのため，すべての元素の原子量は水素の原子量の整数倍であると主張した．

6-3 上記の製法により得られる窒素の密度をもとに，窒素の分子量を計算すると，どのような値になるか．ここで，レイリーは当初知らなかったことだが，得られた気体に含まれるアルゴンも密度の測定値に影響を与えることに注意せよ．（原子量：N＝14.0067, Ar＝39.948）

6-2 でみたように，得られる気体は窒素：水：アルゴン＝92：42：1 の混合気体である．ここから水を除去した気体について，加重平均することによって分子量を計算する．

$$14.0067 \times 2 \times \frac{92}{93} + 39.948 \times \frac{1}{93} = 28.142$$

レイリーは，空気を直接赤熱した銅に通ずることによっても，窒素を得た．

6-4 赤熱した銅によって空気中の酸素が消費される反応の化学反応式を記せ．反応式には空気中の窒素とアルゴンを含めて記せ．

この操作では酸素のみが銅と反応し，窒素とアルゴンは消費されない．ここから次式が得られる．

$$21O_2 + 78N_2 + Ar + 42Cu \longrightarrow 78N_2 + 42CuO + Ar$$

6-5 この第2の方法によって得られる窒素の密度をもとに，窒素の分子量を計算すると，どのような値になるか．

6-3 と同様に，生成物中の気体成分の加重平均で算出する．

$$14.0067 \times 2 \times \frac{78}{79} + 39.948 \times \frac{1}{79} = 28.164$$

6-6 レイリーが驚いたことに，2つの方法により得られた密度には約 1/1000 の違いが見られ，その違いは小さいが，実験を何度繰り返しても同じ違いが見られた．**6-3** と **6-5** の解答からその違いを確認せよ．

2つの結果の差は（28.164−28.142）÷28.164＝0.00078 で，0.08％となる．よって，たしかに約 1/1000 であることが確認できる．

6-7 この密度の違いを拡大して見せるため，レイリーは，アンモニアを用いる製法において空気のかわりに高純度の酸素を用いた．この変更は，得られる密度の違いにどのような影響を与えるか．

反応式は次のようになる．
$$4NH_3 + 3O_2 \longrightarrow 2N_2 + 6H_2O$$
この方法では，純粋な窒素が得られるので，分子量は $14.0067 \times 2 = 28.013$ となる．このとき，**6-5** で得られた第2の方法との結果の差は $(28.164 - 28.013) \div 28.164 = 0.00536$ で，0.54%となる．差は約7倍に拡大している．

6-8 さらに，空気中の酸素のみならず窒素も熱したマグネシウムとの反応によって除去した．すると，空気中の約1%を占める新しい気体が単離された．新しく単離された気体の密度は空気の密度の約何倍か．

アルゴンの分子量は39.948である．空気の平均分子量は28.97，気体の密度は分子の種類によらず一定だから，約1.4倍となる．

■ 溶液の濃度

食塩水や砂糖水のように，液体に固体や他の液体を溶かしたものを溶液という．食塩（塩化ナトリウム）や砂糖（スクロース）を溶質といい，溶質を溶かしている液体を溶媒という．溶液の性質や溶液中での反応を考えるときには，一定体積の溶液中に溶質がどれだけ多く含まれているかが重要である．これを表すのに，濃度という物理量を用いる．もっとも広く用いられる濃度は物質量濃度（モル濃度）で，溶液1Lあたりに溶けている溶質の物質量で表す．

$$\text{モル濃度}(\text{mol L}^{-1}) = \frac{\text{溶質の物質量}(\text{mol})}{\text{溶液の体積}(\text{L})} \tag{3.8}$$

実際の問題

第42回日本大会　準備問題　問題10　二酸化炭素　その1

(b) 実験室では，炭酸カルシウムと塩酸の反応によって二酸化炭素を得る

ことができる．10.0 g の炭酸カルシウムと 50.0 mL の 1.00 mol L^{-1} 塩酸から生成する二酸化炭素の 298 K，1013 hPa での体積（mL）を算出せよ．反応は完全に進行し，生成する二酸化炭素は理想気体であるものとする．

炭酸カルシウムと塩酸の反応は次のようになる．
$$CaCO_3 + 2HCl \longrightarrow CaCl_2 + H_2O + CO_2$$
反応式は，それぞれの元素の原子数が左辺と右辺で等しくなるように係数を決める．

炭酸カルシウムの式量は 40.1+12.0+3×16.0=100.1 である．したがって，10.0 g の炭酸カルシウムは，10.0 g÷100.1 g mol^{-1}=0.100 mol となる．一方，モル濃度が 1.00 mol L^{-1} の塩酸 50.0 mL に含まれる塩化水素 HCl は，1.00 mol L^{-1}×50/1000 L=0.0500 mol となる．

上の反応式から，炭酸カルシウムと塩化水素は 1 mol : 2 mol で反応するので，この場合炭酸カルシウムは過剰に存在しており，0.0250 mol の炭酸カルシウムと 0.0500 mol の塩化水素が反応して 0.0750 mol の炭酸カルシウムがあまる．発生する二酸化炭素は 0.0250 mol である．

理想気体の体積は，0℃，1013 hPa（1 atm）では 22.4 L mol^{-1} であるが，298 K[*9)] では異なる値を示す．気体の体積は絶対温度に比例（シャルルの法則）するので，求める 0.0250 mol の二酸化炭素の体積は以下のようになる．
$$22.4 \text{ L mol}^{-1} \times 0.0250 \text{ mol} \times \frac{298 \text{ K}}{273 \text{ K}} = 0.611 \text{ L} = 611 \text{ mL}$$

◆ 3.2.2 熱と化学反応

■ 熱と温度

熱と化学の間には密接な関係はないと思われがちであるが，熱は化学にとって，理論的にも，また応用研究の上でも非常に重要である．化学反応に伴って出入りする熱の利用は，化学反応の重要な応用の1つである．例えば，天然ガスや

[*9)] 温度の単位でケルビンと読む．絶対温度（温度の高低，温度差の大小の両方に使い，温度の高低を K 単位で表したもの）ともいう．日常で使う ℃ はかけ算やわり算ができないので単位ではなく目盛であることに注意．

灯油の主成分である炭化水素*10)の燃焼に伴う発熱は，調理や暖房に利用されるし，硝酸アンモニウムの水への溶解に伴う吸熱は，発熱時の熱冷ましに利用される．

　熱湯の入った湯呑みに触ると熱いと感じ，氷に触ると冷たいと感じるのは，皮膚との間の温度差に応じて，温度の高い方から低い方へとエネルギーが移動するからである．このとき移動するエネルギーが熱である．高温の物質では，低温の物質に比べて分子や原子のもつ運動エネルギーが大きい．

　熱エネルギーの量を熱量といい，ジュール（J）という単位で表す．ジュールという単位の大きさは，熱と相互に変換可能な仕事*11)の量で定義されているが*12)，およその目安を示すと，1 kJ の熱量とは，0°C の氷を約 3 g 溶かすことができ，0°C，5 g の水の温度を約 50 K 上げる（約 50°C まで上げる）ことができる程度の熱量である．

　以前はカロリー（cal）という単位が用いられていた．今でも食品の熱量表示などに用いられており，1 cal＝4.18 J である．

■ **物質の三態—固体，液体，気体—**

　物質には固体，液体，気体の 3 つの状態（三態）があり，温度を上げていくと，多くの場合，固体から液体，液体から気体へと状態が変化する（図 3.3）．圧力などの条件によっては，固体から直接気体になる昇華という現象もみられる．

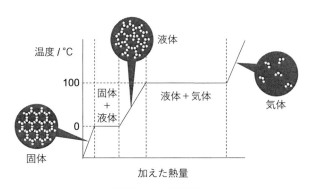

図 3.3　水の状態変化

---

*10)　炭素原子と水素原子のみからできている物質．有機化学の分野で学ぶ．
*11)　モノの移動を妨げようとする「力」に逆らって移動を行うこと．
*12)　「1 N の力がその力の方向に物体を 1 m 動かすときの仕事」と定義される．

氷を温めていくと次第に温度が上がる．このとき，氷の温度を1 K上げるのに必要な熱量を熱容量といい（単位はJ K^{-1}），単位質量あたりの熱容量を比熱容量とよぶ（単位はJ kg^{-1} K^{-1}）．氷の比熱容量は約2 kJ kg^{-1} K^{-1}である．

氷の温度が上がって融点（0℃）に達すると，氷は溶けて水になるが，その際に熱が取り込まれる．これを融解熱という（氷の融解熱は335 kJ kg^{-1}）．

氷が完全にとけて水になったのち，さらに温めていくと，また温度が上昇し（比熱容量は20℃で4.184 kJ kg^{-1} K^{-1}），沸点（100℃）に達すると水は蒸発して水蒸気になる．この際に，気化熱が取り込まれる（水の気化熱は2250 kJ kg^{-1}）．

■ **反応熱とエンタルピー**

前項に述べた水の加熱と状態変化の過程で，投入された熱エネルギーは，エネルギーとして水にたくわえられる．このたくわえられたエネルギーをエンタルピー（H）とよぶ．エンタルピーの増減は，外部からの熱の出入りだけでなく，化学反応によっても引き起こされる．エンタルピーの増加する反応では，エンタルピーの不足分が外から熱として吸収される．すなわち，吸熱反応になる（図3.4上）．エンタルピーの減少する反応では，エンタルピーの減少分が熱となって放出される．すなわち，発熱反応になる（図3.4下）．

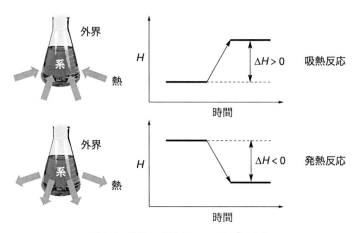

図3.4　発熱・吸熱とエンタルピー変化

反応後のエンタルピーから反応前のエンタルピーを引いたものを反応エンタルピーとよび，$\Delta_r H$あるいはΔHと表す約束なので，$\Delta H > 0$の反応は吸熱反応，

$\Delta H < 0$ の反応は発熱反応である．ちなみに，物質のエンタルピーは状態によって異なるため，エンタルピーを議論する際には，物質の状態（三態のうちのどれか）を明確にしなければならない．固体（solid）は s，液体（liquid）は l，気体（gaseous）は g で表す．また，水溶液（aqueous solution）中の溶質である場合は aq と表す．

したがって，例えばメタンの燃焼反応は
$$CH_4(g) + 2O_2(g) \longrightarrow CO_2(g) + 2H_2O(l) \quad \Delta H° = -890 \text{ kJ} \quad (3.9)$$
となり，硝酸アンモニウムの溶解反応は
$$NH_4NO_3(s) \longrightarrow NH_4^+(aq) + NO_3^-(aq) \quad \Delta H° = +28.1 \text{ kJ} \quad (3.10)$$
と表すことができる．

なお，ここで $\Delta H°$ の右肩に ° がついているのは，熱力学の標準状態（25°C＝298.15 K, 1 bar＝1.0×10^5 Pa）での反応についての量であることを示している．

実際の問題

第35回ギリシア大会　準備問題　問題5　ボイラー

（ヨーロッパの）中規模のアパートには，寒い時期に暖房用の温水を供給するためのボイラーが備えつけられている．このボイラーの加熱出力は 116 kW である．建物には燃料油を貯蔵するタンクがあり，その貯蔵容量は 4 m³ である．燃料油はおもに重い液体の鎖式飽和炭化水素であり，その燃焼エンタルピー（燃焼熱）は 43000 kJ kg^{-1} で，密度は約 0.73 g cm^{-3} である．

1. タンクをいっぱいにすると，ボイラーはどのくらい連続して運転できるか．

　　A．5時間　　B．2.2日　　C．12日　　D．3.3週間　　E．2.1か月

W（ワット）というのは仕事率の単位で，単位時間に行われる仕事や単位時間に使われるエネルギー，あるいは単位時間に発生する熱量などを表す．W＝J s^{-1} である．

タンクをいっぱいにしたときの燃料油の質量は $m = 4 \times 10^6 \text{ cm}^3 \times 0.73 \text{ g cm}^{-3} = 2920$ kg である．一方，加熱能力 $P = 116$ kW＝116 kJ s^{-1} と燃焼エンタルピー $\Delta H = 43000$ kJ kg^{-1} を使って燃料油の消費速度 v を計算すると次のようになる．

$$v = \frac{P}{\Delta H} = \frac{116 \text{ kJ s}^{-1}}{43000 \text{ kJ kg}^{-1}} = 2.70 \times 10^{-3} \text{ kg s}^{-1}$$

したがって，運転可能時間 t は

$$t = \frac{m}{v} = \frac{2920 \text{ kg}}{2.70 \times 10^{-3} \text{ kg s}^{-1}} = 1.08 \times 10^6 \text{ s} = 12.5 \text{ 日}$$

となるので，よって C が正解となる．

2. ボイラーを運転しているとき，発生して大気中に放出される CO_2 の量は，1時間あたりおよそいくらか．

  A．300 g B．1 kg C．5 kg D．10 kg E．30 kg

鎖式飽和炭化水素の一般式は C_nH_{2n+2} である．燃焼の化学反応式は次のようになる．

$$C_nH_{2n+2} + (3n+1)O_2 \longrightarrow nCO_2 + (n+1)H_2O$$

ここで用いられる燃料油は石油の分類なので $n \gg 1$ であり，燃料油に対する二酸化炭素の質量比は次のように求められる．

$$\frac{44\,n}{12\,n + 2\,n + 2} \approx \frac{44\,n}{14\,n} = 3.14$$

上の計算から，1時間あたりの重油の消費量は $2.70 \times 10^{-3} \text{ kg s}^{-1} \times 3600 \text{ s} = 9.72 \text{ kg h}^{-1}$ であるから，発生する二酸化炭素は $9.72 \text{ kg h}^{-1} \times 3.14 = 30.5 \text{ kg h}^{-1}$ となる．

よって E が正解である．

■ヘスの法則

ある物質のある状態から出発して，複数の化学反応や状態変化が連続して起こった場合，最終的に得られた物質と状態が同じであれば，経路によらず最終状態のエンタルピーは同じであり，化学反応や状態変化の過程で出入りした熱の合計は同じになる．これをヘスの法則という．

例えば，次の3つの反応の反応エンタルピーの間には，式 (3.14) のような関係がある．

$$C(s) + \frac{1}{2}O_2(g) \longrightarrow CO(g) \qquad \Delta H_1^\circ = -111 \text{ kJ} \qquad (3.11)$$

$$CO(g) + \frac{1}{2}O_2(g) \longrightarrow CO_2(g) \quad \Delta H_2° = -283 \text{ kJ} \quad (3.12)$$

$$C(s) + O_2(g) \longrightarrow CO_2(g) \quad \Delta H_3° = -394 \text{ kJ} \quad (3.13)$$

$$\Delta H_1° + \Delta H_2° = \Delta H_3° \quad (3.14)$$

式(3.14)は，(3.11)→(3.12) という二段階の反応で，C(s)（黒鉛）から一酸化炭素を経由して二酸化炭素を生成したときのエンタルピー変化の総量と，式(3.13)のように，黒鉛から直接二酸化炭素を生成したときのエンタルピーの変化量は同じであるということを示している．すなわち，黒鉛から二酸化炭素を生成する反応のエンタルピー変化は，反応経路によらず一定である．

ヘスの法則を使うと，直接測定することが困難なエンタルピー変化（熱量）も間接的に求めることができるので，この法則が利用される状況になることは多い．例えば，上の例でも，一酸化炭素の生成反応の反応エンタルピー $\Delta H_1°$ を直接求めるのは困難である．黒鉛を不完全燃焼させても，一酸化炭素だけを生成させることはできず，一部は二酸化炭素になってしまう．しかし，黒鉛を完全燃焼させて $\Delta H_3°$ を求めたり，純粋な一酸化炭素をつくってそれを完全燃焼して $\Delta H_2°$ を求めたりすることはできる．そして，その差をとれば $\Delta H_1°$ が求まるのである（$\Delta H_1° = \Delta H_3° - \Delta H_2°$）．

■ 標準生成エンタルピー

ある化合物 1 mol を，その構成元素の単体から合成する反応の反応エンタルピーを生成エンタルピーという．とくに標準状態（25°C＝298.15 K，1 bar＝1.0×10^5 Pa）における生成エンタルピーを標準生成エンタルピーとよび，$\Delta_f H°$ で表す．

例えば，前頁で例に挙げた反応エンタルピーのうち，式(3.11)，(3.13)は CO および CO_2 の標準生成エンタルピーである．

$$C(s) + \frac{1}{2}O_2(g) \longrightarrow CO(g) \quad \Delta_f H°(CO(g)) = -111 \text{ kJ} \quad (3.11)$$

$$C(s) + O_2(g) \longrightarrow CO_2(g) \quad \Delta_f H°(CO_2(g)) = -394 \text{ kJ} \quad (3.13)$$

さてここで式(3.15)の反応の反応エンタルピーを，標準生成エンタルピーを使って求める方法を考えてみる．

$$CO(g) + \frac{1}{2}O_2(g) \longrightarrow CO_2(g) \quad (3.15)$$

式(3.15)の反応は，次のように2つの過程に分解することができるので，式

(3.15) の反応エンタルピーは，反応 (3.16) と反応 (3.17) の反応エンタルピーの和であると考えることができる．

$$\mathrm{CO(g)} \longrightarrow \mathrm{C(s)} + \frac{1}{2}\mathrm{O_2(g)} \qquad \Delta H° = -\Delta_\mathrm{f} H°(\mathrm{CO(g)}) = +111\text{ kJ} \quad (3.16)$$

$$\mathrm{C(s)} + \mathrm{O_2(g)} \longrightarrow \mathrm{CO_2(g)} \qquad \Delta H° = \Delta_\mathrm{f} H°(\mathrm{CO_2(g)}) = -394\text{ kJ} \qquad (3.17)$$

反応 (3.16) は反応 (3.11) の逆反応なので，その反応エンタルピーは CO の標準生成エンタルピーの符号を逆転させたものである．したがって，反応 (3.15) の反応エンタルピー $\Delta_\mathrm{r} H°$ は $\Delta_\mathrm{r} H° = \Delta_\mathrm{f} H°(\mathrm{CO_2(g)}) - \Delta_\mathrm{f} H°(\mathrm{CO(g)})$ と表すことができる．

この結果は一般化することができて，一般に次式が成り立つ[*13)]．

$$\Delta_\mathrm{r} H° = \sum \Delta_\mathrm{f} H°(\text{生成物}) - \sum \Delta_\mathrm{f} H°(\text{反応物}) \tag{3.18}$$

■ 結合解離エンタルピー（結合解離エネルギー）

ヘスの法則を突き詰めていくと，どんなに複雑な反応でも，共有結合の開裂と生成の組み合わせに分けて扱うことができる．厳密に考えると，同じ種類の結合（例えば C-C 結合）も，どの化合物の結合かによって開裂に必要なエネルギー（＝結合により生じるエネルギー）の大きさがある程度違う．しかしその違いに目をつぶって，結合の開裂に必要なエネルギーを平均的で代表的な共有結合のエネルギーとして表したものが，結合解離エンタルピーである．

次に，結合解離エンタルピーに関する問題の例を示そう．

> **実際の問題**

第44回アメリカ大会　準備問題　問題6　シラン：熱化学と結合解離エンタルピー

結合解離エンタルピー（または結合解離エネルギー）は，化合物における結合の強さの尺度である．結合解離エンタルピーは，反応が発熱反応であるか吸熱反応であるかを予測するために使うことができる．すなわち，これを使って，反応に伴うエンタルピー変化を見積もることができる．また，結合解離エ

[*13)] $\sum$（シグマ）は算術記号である．$\sum$ の後に書かれた項目名が複数の項目を代表するもので，それらの項目すべての和を表す．

ンタルピーは，多くの場合直接測定することができないパラメーターである原子–原子間の結合の強度を決定することにも使うことができる．ここでは，Si-Si 結合の強度を決定してみよう．

水素化ケイ素 Si_nH_{2n+2} はシランとよばれている．シランには Si-Si 結合があるが，その結合はケイ素原子の数の増加とともに次第に不安定になる．

a) 以下に示す値を用いて $Si_2H_6(g)$ の Si-Si 結合解離エンタルピーを計算せよ．

H-H の結合解離エンタルピー $= 436\,\mathrm{kJ\,mol^{-1}}$
Si-H の結合解離エンタルピー $= 304\,\mathrm{kJ\,mol^{-1}}$
$\Delta_f H^\circ[Si(g)] = 450\,\mathrm{kJ\,mol^{-1}}$
$\Delta_f H^\circ[Si_2H_6(g)] = 80.3\,\mathrm{kJ\,mol^{-1}}$

$Si_2H_6(g)$ の生成エンタルピーは，$Si(s)$ と $H_2(g)$ から $Si_2H_6(g)$ を生成する反応の反応エンタルピーである．一方，$Si(s)$ と $H_2(g)$ の原子をいったん全部バラバラにしてから，結合を組み替えて $SiH_3(g)$ をつくり，さらにそれを 2 つ結合して $Si_2H_6(g)$ をつくる経路（図 3.5）を考えると，その過程全体のエン

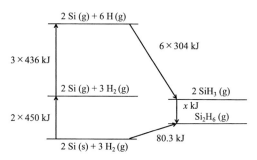

図 3.5 Si-Si 結合解離エンタルピーを求めるための熱力学サイクル

タルピー変化は Si-Si 結合解離エンタルピーを $x\,\mathrm{kJ\,mol^{-1}}$ とすると以下のようになる．

$(2 \times 450\,\mathrm{kJ\,mol^{-1}}) + (3 \times 436\,\mathrm{kJ\,mol^{-1}}) - (6 \times 304\,\mathrm{kJ\,mol^{-1}}) - (x\,\mathrm{kJ\,mol^{-1}})$

ヘスの法則により，これと $Si_2H_6(g)$ の生成エンタルピーが等しいので以下の式が成り立つ．

$(2 \times 450\,\mathrm{kJ\,mol^{-1}}) + (3 \times 436\,\mathrm{kJ\,mol^{-1}}) - (6 \times 304\,\mathrm{kJ\,mol^{-1}}) - (x\,\mathrm{kJ\,mol^{-1}})$
$= 80.3\,\mathrm{kJ\,mol^{-1}}$

これを解くと，次のようになる．

$x = 303.7\,\mathrm{kJ\,mol^{-1}} \approx 304\,\mathrm{kJ\,mol^{-1}}$

> **b)** 計算された Si–Si 結合エネルギーを C–C 結合の結合エネルギー（結合解離エンタルピー $=347\,\mathrm{kJ\,mol^{-1}}$）と比較せよ．$n=2$ 以上のシランの熱力学的安定性について，対応するアルカンと比べて，どんなことがいえるか．なお，C–H の結合解離エンタルピーは $412\,\mathrm{kJ\,mol^{-1}}$ である．

a) で求めたように，Si–Si 結合の結合解離エンタルピーは $304\,\mathrm{kJ\,mol^{-1}}$ と，C–C 結合の結合解離エンタルピー $347\,\mathrm{kJ\,mol^{-1}}$ よりかなり小さいので，Si–Si 結合は不安定であるといえる．また，Si–H 結合の結合解離エンタルピーも小さいので，結果的に Si_2H_6 の生成エンタルピーは $+80.3\,\mathrm{kJ\,mol^{-1}}$ と不安定になっている．ちなみに $n=3$ のシラン Si_3H_8 の生成エンタルピーを計算してみると $+54\,\mathrm{kJ\,mol^{-1}}$ となり，これも熱力学的に不安定である．

一方 $C_2H_6(g)$ の生成エンタルピーを計算すると，$-84.6\,\mathrm{kJ\,mol^{-1}}$ となり，シランよりはるかに安定である．

3.2.3 原子の構造

これまで，化学反応における量やエネルギーの関係をみてきた．それでは，どのような物質がどのような化学反応を起こすのだろうか．それを知るには，原子の性質を理解しなければならない．人間は外見より内面が大事といわれるが，以下では原子に対しても外見だけでなく内面，すなわち原子の構造をみていこう．

ひとくちに原子の構造といっても，意味は2つある．1つは何がどこにあって，という普通の意味での構造であり，空間構造ということができる．もう1つはエネルギー構造であり，これは見た目には見えないが性質を考える上で重要なものである．この2つの側面に注意して，原子の構造をのぞいてみよう．

■原子の空間構造
●原子核と電子

もしかしたら，原子の構造は地球と太陽のような位置関係にある，と習ったことがあるかもしれない．この説明はだいぶ大雑把にいえば合っているのだが，本シリーズで扱うレベルで原子の性質を考えるには，より厳密な理解が必要である．そのため，いったんこのイメージは忘れてほしい．

まず，原子はその中心に原子核とよばれる重くて硬い塊をもっている（図3.6）．この原子核は陽子と中性子という2種類の粒子がいくつか集まってできて

いる．陽子は正の電荷をもち，中性子は電荷をもたないので，原子核は全体として正の電荷をもつ塊である．これに対し，自然界には負の電荷をもつ電子という粒子が存在する．電子は電気の力（静電気力）によって原子核に引きつけられる．これにより電子と原子核がまとまったものが，原子である．

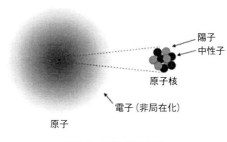

図3.6　原子核と電子

電子は原子核に引きつけられるが，決して地球が太陽のまわりをまわるように周回運動をしているわけではない．電子はたとえ一粒でも，雲のように広がって存在しており，どこにいるか決定できない状態になっている．このような電子の分布状態を非局在化しているという．これは私たちの普段の生活で触れる物体とはまったく違う挙動である．原子のように非常に小さいサイズの世界では，物体も不思議なふるまいをすると思ってほしい．これは顕微鏡の倍率の限界で電子の位置が見えないという話ではなく，物理の原理上，位置を定義できる限界を超えてしまっているからである．

原子の世界では，原子核と電子の間，そして電子どうしの静電気力が重要である．ちなみに，原子核の中では陽子どうしの正電荷による反発もあるが，これは他の力によってつなぎとめられているため問題にならない．また，原子核と電子は静電気力で引き合うため，いつかは衝突しそうだが，実際には他の力によって反発があり衝突はしない．このような静電気力以外の力については物理の範囲で扱うため，ここでは説明を割愛する．

● 原子軌道

原子核のまわりには非局在化する電子が存在しているが，ある程度は存在する場所が決まっている．縄張りである．電子の入ることができる縄張りが指定されていて，「大体この範囲の中にいてください．外に出てはいけないわけではないがあまり出ないように．とくに遠出はよほどのことがない限りだめ」と伝えられているのである．この縄張りのことを，原子軌道とよぶ．

原子軌道でとくに重要なのは，原子核からの距離である．電子は非局在化しているので，この距離はあくまで平均距離と思っていてほしい．厳密には，それぞ

れの距離に存在する確率を考えて足し合わせて算出した平均距離である．原子軌道は原子核からの距離によっていくつかのグループに分けることができ，これを電子殻とよぶ．原子核から近い順に，K殻，L殻，M殻，N殻，…，とよばれている．

同じ殻の中でも形・向きの異なる原子軌道がいくつか存在しているが，これについては3.3節の準備編で紹介する（3.3.3項（原子軌道の形と結合の形式，p.81））．

■**原子のエネルギー構造**
●**エネルギー準位**

これまで，原子核のまわりには，ある形と大きさをもった原子軌道があり，その原子軌道に電子が入っている，という空間構造を説明してきた．これらの原子軌道は単に形や大きさが違うだけでなく，エネルギーも異なる．電子1個が原子軌道に入るエネルギー，すなわち原子軌道のエネルギー的な高さのことを，エネルギー準位とよぶ．

原子軌道の大きさと形は決まっているため，対応するエネルギー準位は飛び飛びの値になる．そのため，中間のエネルギーをもつことはできない．このような現象をエネルギーの量子化とよぶ．なぜ原子軌道の形が決まっていて，このような量子化が起こるのかは説明が難しい．電子の正確な位置が定義できないのと同じように，非常に小さな世界で起こる不思議な現象だと思ってほしい．あえて例えれば，ピザを均等に分けるときに3等分や4等分はできても，3.5等分はできないのと同じである．

エネルギー準位の決め方には少し注意が必要で，原子核から無限に離れた場所（無限遠）のエネルギー準位を0とする（図3.7）．電子は原子核と静電気力で引き合うので，原子核の近くの原子軌道に入ろうとする．すなわち，電子にとって何もいない空間にいるより原子軌道にいる方が居心地がよい，エネルギーが低いことになる．したがって，原子軌道のエネルギー準位はすべてマイナスの値である．マイナスで絶対値が大きいほど，電子が入りやすいということになる．

外側の殻ほど，原子核と電子との距離が大きくなり静電気力はどんどん小さくなっていく．そのため，外側の殻ほどエネルギー準位は高く，0に近くなる．

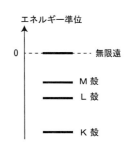

図3.7 原子軌道のエネルギー準位

● 電子配置

　それでは電子すべてがみんな一番エネルギー準位の低い，一番内側の殻の原子軌道に入ればよいのかというと，そうではない．原子軌道1つには電子は最大2個までしか入れないという規則が存在する（パウリの排他原理）．また，1つの殻にある原子軌道の数も決まっている．電子が複数ある場合は最初は内側の殻の原子軌道に入るが，内側の殻が埋まるたびに，順番に外側の殻に入っていくことになる．

　一般に単独の原子を考える場合は，電子は原子核の陽子の数と同じだけ入っていて，原子全体が電気的に中性となっている状態を考える．陽子の数を原子番号とよぶ．原子番号によって電子がどの殻，どの原子軌道まで入るかが決まるため，原子番号は原子の性質を考える上でもっとも重要なパラメータである．

　原子番号で分けた原子の分類を，元素とよぶ．各原子番号について元素名と元素記号が割り振られており，例えば原子番号1番は水素Hである．自然に存在する元素は92番までであり，本書表紙の裏の周期表にまとめた．

　より詳しい原子軌道の形，原子と原子の結合については3.3.3項（原子軌道の形と結合の形式，p.81）で紹介する．

3.2.4　酸化と還元

■ イオン化エネルギーと電子親和力

　3.2.3項（原子の構造，p.48）では，中性の原子の構造を考えた．原子は＋（プラス）に帯電している陽子と，－（マイナス）に帯電している電子を同じ数だけもっているため，全体としては電荷が釣り合い，中性となっている．それでは，この中性が崩れることはあるのだろうか？　原子核を構成する陽子は，原子の中心にあり，しかも重いので，どこかに行くことはない．それに対して，原子の周辺に存在する電子は軽く，近くに他の原子が存在すると移動することがある．

　例えば，金属のナトリウムのかけらを水に入れると，かけらは気体を発生しながら見えなくなる．これは，砂糖を水に溶かした場合とは大きく異なり，水と反応しているのである．このとき，ナトリウムは水に電子を与えている．

$$\text{Na} \longrightarrow \text{Na}^+ + \text{e}^- \qquad (3.21)$$

このように，相手に電子を与え，自ら＋に帯電した状態の原子や分子を陽イオン（カチオン）とよぶ．一方，－に帯電した原子や分子は陰イオン（アニオ

H 2.1																
Li 1.0	Be 1.5										B 2.0	C 2.5	N 3.0	O 3.5	F 4.0
Na 0.9	Mg 1.2										Al 1.5	Si 1.8	P 2.1	S 2.5	Cl 3.0
K 0.8	Ca 1.0	Sc 1.3	Ti 1.6	V 1.6	Cr 1.6	Mn 1.5	Fe 1.8	Co 1.8	Ni 1.8	Cu 1.9	Zn 1.6	Ga 1.6	Ge 1.8	As 2.0	Se 2.4	Br 2.8
Rb 0.8	Sr 1.0	Y 1.2	Zr 1.4	Nb 1.6	Mo 1.8	Tc 1.9	Ru 2.2	Rh 2.2	Pb 2.2	Ag 1.9	Cd 1.7	In 1.7	Sn 1.8	Sb 1.9	Te 2.1	I 2.5
Cs 0.7	Ba 0.9	La 1.2	Hf 1.3	Ta 1.5	W 1.7	Re 1.9	Os 2.2	Ir 2.2	Pt 2.2	Au 2.4	Hg 1.9	Ti 1.8	Pb 1.8	Bi 1.9	Po 2.0	At 2.2
Fr 0.7	Ra 0.9	Ac 1.1	Th 1.3	Pa 1.5	U 1.7	Np 1.3										

図 3.8 ポーリングの電気陰性度

ン)とよばれる[*14]．ナトリウムから追い出された電子は，水に奪われ，水素分子の発生とともに，陰イオンである水酸化物イオンをつくる．

$$2H_2O + 2e^- \longrightarrow H_2 + 2OH^- \qquad (3.22)$$

ここで，電子を失うことを酸化とよび，電子を得ることを還元とよぶ．先の金属ナトリウムの例では，ナトリウムは酸化され，水は還元されたことになる．式(3.21)のように中性の原子から電子を奪い去ることを考えると，「電子が入って安定化した状態」から「電子がいない状態」になる．つまり，その分だけエネルギーが必要になる．このエネルギーのことを，イオン化エネルギーとよぶ．一方，電子を与える場合は，中性の原子に電子が加わると安定化が進むため，原子からみるとエネルギーが減少する．ここで，減少したエネルギーを電子親和力とよぶ．

電子親和力と似た言葉に，電気陰性度というものがある．高校の教科書では電気陰性度というと図 3.8 に示す「ポーリングの電気陰性度」を指す．一般的にはポーリングの電気陰性度は，共有結合[*15]を形成している 2 つの原子が，共有結合電子対を自分の方に引きつける力を表す[*16]．この数値を比較することで，異なる元素の 2 つの原子が共有結合を形成するときの電子対のかたよりが予想でき

[*14] 大学以降の有機化学では陽イオン，陰イオンをそれぞれカチオン，アニオンとよぶことが多い．
[*15] 電子を原子間で共有することによってできる結合のことをいう．詳しくは 2 巻 1.2 節（分子の構造）を参照．
[*16] もう少し具体的に説明すると，異なる元素の 2 つの原子が共有結合を形成するときの結合エネルギーと，それぞれの元素が 2 原子で結合をつくったときの結合エネルギーの平均（和を 2 で割った値）とのずれを説明する数値である．

る．

　電子親和力は電子を1個まるまる与えたときのエネルギー変化であるのに対し，電気陰性度は共有結合をしているときの電子対の引き寄せ具合を表す指標である．どちらも電子との親和性が高いほど大きくなる値ではあるが，原子と電子の親和性を考えるときには，どういう状況を想定していて，どの指標を使っているのか判断する必要がある．

■ **化学における電位の意味**

　ある原子や分子が電子を奪いやすいのか奪われやすいのかを判断するにはどうすればよいだろうか．原子も含め化学種というものは，所有された電子がうまく配置して，ある程度安定な状態にいると考えてよい．「酸化」や「還元」というのはそこから電子が取り去られたり，加えられたりして電子の数が変わる挙動であった．酸化や還元を受けた化学種の安定度は当然変わることになるが，どれくらい安定になるかを定量的に評価することは難しい．そこで，電子を奪うことによってどれくらいエネルギーが変化するかを表す量が測定されている．ナトリウムや亜鉛の場合は，以下の通りである．

$$\mathrm{Na}^+ + \mathrm{e}^- \longrightarrow \mathrm{Na} \quad \Delta_r G° = +262 \text{ kJ mol}^{-1} \quad (3.23)$$

$$\mathrm{Zn}^{2+} + 2\mathrm{e}^- \longrightarrow \mathrm{Zn} \quad \Delta_r G° = +147 \text{ kJ mol}^{-1} \quad (3.24)$$

このように，電子の授受を表す化学反応式を半反応式とよぶ．そして，エネルギーの変化量は $\Delta_r G°$ で表され，ギブズエネルギー変化とよばれる（3.3.2項（エントロピーとギブズエネルギー，p.73））．エネルギー変化が正ということは，Na^+ や Zn^{2+} が電子を奪うと（還元されると）エネルギーが上がり不安定になるということを表している．他の例として，銅の場合をみてみよう．

$$\mathrm{Cu}^{2+} + 2\mathrm{e}^- \longrightarrow \mathrm{Cu} \quad \Delta_r G° = -65 \text{ kJ mol}^{-1} \quad (3.25)$$

この場合，銅が電子を奪うことによってエネルギー的に安定化するということを表している．このエネルギー変化は，電位という形で表すこともできる．$\Delta_r G°$ と電位は以下の式で結ばれる（3.3.4項（ギブズエネルギー，平衡，電位の統一的なとらえ方，p.87））．

$$\Delta_r G° = -nFE° \quad (3.26)$$

ここで n は移動する電子の数を表す．$F = 96485 \text{ C mol}^{-1}$ はファラデー定数とよばれる定数である．$E°$ は標準電極電位とよばれる量（単位：V）である．式 (3.26) を用いて式 (3.24) と式 (3.25) で示した亜鉛と銅の還元におけるギブ

ズエネルギー変化を標準電極電位に変換すると，次のようになる*17).

$$Zn^{2+} + 2e^- = Zn \quad E°(Zn^{2+}/Zn) = -0.763 \text{ V} \quad (3.27)$$
$$Cu^{2+} + 2e^- = Cu \quad E°(Cu^{2+}/Cu) = +0.337 \text{ V} \quad (3.28)$$

標準電極電位を用いると，2つの反応を組み合わせてつくった電池の電圧（起電力）を計算することができる．

例えば，銅と亜鉛を組み合わせてつくった電池（図3.9，ダニエル電池とよばれる）では以下の反応が起きる．この反応によって生じる電圧は，それぞれの標準電極電位の差である1.1 Vである．

$$Zn + Cu^{2+} \longrightarrow Zn^{2+} + Cu \quad (3.29)$$

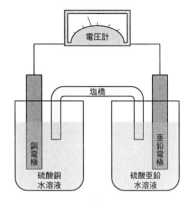

図3.9 ダニエル電池

■ 電位データを図で表す

電位のデータは，標準電極電位の式で表すことができる．それらの式を視覚的に分かりやすくするために，ラティマー図，フロスト図，プールベ図*18)などが用いられる．ここではラティマー図とフロスト図について簡単に説明する．

● ラティマー図

ラティマー図は，酸化還元系列の化学種を左から酸化数（原子の場合は電荷と考えてよい）の大きい順に並べ，化学種を結ぶ線上に，電子を与えて還元する際の標準電極電位（ボルト単位の数値のみ）を書きこんだ図である．となり合っていない酸化数をもつ化学種の間の還元電位は，各段階の還元電位をいったんギブズエネルギー変化に変換して足し合わせ，移動する電子数で割ることで求めることになる（3.3.4項で解説する第50回スロバキア／チェコ大会の準備問題（p.91）も参照のこと）．例として，チタンのラティマー図を図3.10に示した．この図が意味していることは，次の標準電極電位の式と同じである．

---

*17) 標準電極電位を示すとき，半反応式を → ではなく ＝ や ⇌ でつなぐことがある．
*18) 水中における個々の化学種の還元電位のpH依存性を示す図で，各化学種が安定に存在する電位とpHの範囲を読み取るために用いられる．

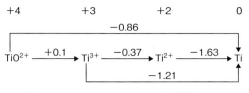

図 3.10 チタンのラティマー図（酸性条件）

$$TiO^{2+} + 2H^+ + e^- = Ti^{3+} + H_2O \quad E°(TiO^{2+}, H^+/Ti^{3+}) = +0.1 \text{ V} \quad (3.30)$$
$$Ti^{3+} + e^- = Ti^{2+} \quad E°(Ti^{3+}/Ti^{2+}) = -0.37\text{V} \quad (3.31)$$
$$Ti^{2+} + 2e^- = Ti \quad E°(Ti^{2+}/Ti) = -1.63\text{V} \quad (3.32)$$
$$Ti^{3+} + 3e^- = Ti \quad E°(Ti^{3+}/Ti) = -1.21\text{V} \quad (3.33)$$
$$TiO^{2+} + 2H^+ + 4e^- = Ti + H_2O \quad E°(TiO^{2+}, H^+/Ti) = -0.86 \text{ V} \quad (3.34)$$

なお，3.3.4項で紹介する第50回スロバキア／チェコ大会の準備問題で示すように，式（3.33），式（3.34）での標準電極電位は式（3.30）～（3.32）から計算によって求めることができる．

● フロスト図

　フロスト図は，酸化還元系列のある化学種の酸化数 n とその化学種を単体まで還元するのに必要な標準酸化還元電位 $E°$ の積として表される量を，酸化数 n に対してプロットしたものである．$nE°$ は異なる酸化数の化学種の相対的な安定性を表しているため，異なる酸化状態における酸化と還元の傾向が読み取れる．横軸は通常酸化数の大きいものを右から並べる．例として，チタンのフロスト図を図 3.11 に示した．ここから，pH=0 では，Ti^{3+} がもっともエネルギー的に安定であることなどが分かる．なお，ラティマー図やフロスト図では，酸性か塩基性かを明記する必要がある．これは，式（3.34）のような水素イオンを含む半反応の電位が変わることに加えて，pHによって存在する化学種自体も変化するためである．

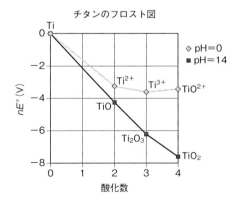

図 3.11 チタンのフロスト図

3.2.5 有機物質とは何か

■ 有機物質と無機物質,金属物質の違い

物質は,おおまかに有機物質,無機物質,金属物質の3種類に分類できる.3.2.3項(原子の構造,p.48)で解説したように,原子核と電子の関係から物質の性質を導くこと(つまり,この3種類の違いを理解すること)は化学において大切であるが,かといって肉眼で観察不可能な小さい粒子を頭の中でイメージするだけではなかなか理解しづらいだろう.そこでまず,目に見えるサイズの身近なものでこの3種類の物質を比べることによって,有機物質にはどのような特徴があるのかをつかんでもらうことにしよう.

物質は通常,何らかの形に加工され,私たちの生活の中に存在している.つまり物質は,私たちの身近にあるものの材料として利用されているのである.化学的な視点で見る場合には「物質」,その物質の物理的な性質(丈夫である,電気を通す,光る,など)に着目し,その性質を何かに利用する場合には材料とよび分けている,と考えてもらえばよいだろう[*19].よりイメージしやすいよう,ここからは物質を材料に置き換え,有機材料,無機材料,金属材料の具体例をそれぞれ挙げてみる.

- 有機材料:衣服の繊維,紙,木材,プラスチック,革製品,柔らかいチューブやゴム製品(エラストマーとよぶことが多い)など
- 無機材料:陶磁器,セラミックス,ガラスなど
- 金属材料:鋼,鋳鉄,導線,銀食器,金貨,アルミホイルなど

なんとなく,有機材料の特徴や無機・金属材料との違いがみえてきたことと思う.私たちが生活の中で触れるものの多くは有機材料であるか,あるいは表面に有機材料がついているものである.上記に挙げた例のほか,金属の表面を覆っている塗膜(塗料が乾いたもの)やフィルム,あるいは鍋の取っ手,ドライバーやペンチの持ち手,ボールペンのグリップなど金属製の道具で手が触れるところには有機材料が使われていることが多いし,スマートフォンの充電ケーブルは電線

[*19] もう少し厳密に説明すると,「物質」といった場合には,物理的手法ではそれ以上分けられないものを指すことが多い(つまり「純物質」と同義).一方,「材料」の場合は,単一の物質だけで構成されることもあるが,基本的には「混合物」だと考えてほしい.「物質」と「材料」を和英辞典で調べるとそれぞれ複数の英単語が載っていて混乱するかもしれないが,化学の世界では通常,物質=substance,材料=materialと使い分けることが多い.

を有機材料で被覆した構造になっている．セロハンテープの接着面に使われている粘着剤も有機材料である．このように，有機材料はその熱の伝えにくさ，電気の通しにくさ，柔らかさといった特徴ゆえに，人間と直接触れるところに使われることが多い．ちなみに，有機物質は材料として身のまわりにあふれているのだが，実は私たちの身体をつくっている物質（タンパク質，脂質，糖類，核酸など）の大部分も有機物質だということを知っておいてほしい[20]．

有機材料の具体例から有機物質の特徴をイメージしてもらったところで，無機物質・金属物質と比較したときの有機物質の特徴をまとめる．

- 軽い（密度が小さい）
- 柔らかい（結晶はもろい）
- 融点が低い
- 反応して別の物質に変わりやすい
- 耐熱性が低い（分解する）
- 電気を通しにくい
- 熱を伝えにくい

上に挙げた性質は，有機物質においては金属とは異なる形で原子・分子が充填されること，電子が原子間に異方的に局在化していることなどで説明できる．

■分子

有機物質のおおまかな特徴がつかめたところで，今度はミクロな視点で有機物質を考えてみよう．有機物質も無機物質も金属物質も，原子核と電子から構成されているという点は同じである．これらの物質の違いは，それぞれの物質で電子が原子核のまわりにどういうふうに存在しているか，という視点で考えると，整理することができる．ある物質を，その物質に固有の性質を保ったまま分割していったとき，最終的に原子単位に分割できるものと，いくつかの原子のまとまり（これを分子という）に分割されるものの2通りがある．金属は前者の，有機物質は分子からできているもの（後者）の代表例[21]である．例えばアルミ缶（金属）は，アルミニウム原子がぎっしりと詰まってできている物質であり，構

---

[20] むしろ，これこそが有機という言葉の由来である．1806年，スウェーデンの化学者イェンス・ベルセリウスは，生物に由来する物質のことを organism（生命体，有機体）にちなみ，有機物質とよぶことを提唱した．ただし，現在の有機物質の定義（p. 59）とは異なることに注意してほしい．

[21] 分子がすべて有機物質である，というわけではない．無機物質の中にも分子からできているものがある（例：高校の化学で登場する一酸化炭素 CO や二酸化炭素 CO_2，塩化水素 HCl など）．しかし，ここでは有機物質が分子でできているということを理解してもらえればよい．

表3.3 物質の構成元素の電子親和性による分類と一般的な性質

構成元素の組み合わせ「電子親和性」大小	融解・溶解単位	物質の分類		電子の分布
「小さい」元素のみ	原子	金属		非局在
「小さい」,「大きい」両元素の混合	原子*	無機化合物	塩	等方的, 局在
	原子団		錯体**	異方的, 局在
「大きい」元素のみ	原子団	有機分子**		異方的, 局在

*溶解するときは通常溶媒和[*22)]される.
**共有結合性固体も含む（共有結合性固体：原子間の相互作用の分類は同じであるが，非常に大きな連続体を形成していて，溶解・溶解挙動を示さない．

成単位はアルミニウム原子である．これに対し，例えばペットボトル（有機物質）はポリエチレンテレフタラート（PET）とよばれる高分子が構成単位であり，炭素や水素まで分割して考えるとペットボトルの性質をとらえることができない．無機物質は2グループに分けられ，例えば食塩（塩化ナトリウム，NaCl）はナトリウムと塩素という原子が構成単位となるが，水は水分子 H_2O が構成単位となる．これをまとめたものが表3.3である．

分子は共有結合，つまり電子親和力（3.2.3項（原子の構造，p.48）で解説した，電子を引きつける力のこと）の大きい元素の原子どうしの間に生じる結合によってつくられている．共有結合をつくるような電子親和力の大きい元素として，例えば水素（H），炭素（C），酸素（O），窒素（N）が挙げられる．有機分子は炭素原子を中心として構成され，その種類はほとんど無限といってもよい．

では，なぜ有機分子の構造はそれほどたくさんのバリエーションがあるのだろうか？ 炭素は周期表第14族の典型元素で4価[*23)]なので，例えば原子軌道の1つ（sp^3混成軌道）は図3.12に示すように原子核を中心として正四面体の頂点方向に細長く伸びた形状になっている．風船のように広がった4方向でそれぞれ他の原子と電子を分け合うことで共有結合が形成され安定化する．このとき炭素

図3.12 炭素原子の原子軌道

[*22)] 溶媒和とは溶質の分子やイオンの周囲に溶媒分子が（分子をつくる結合よりは弱いものの）はりつくように結合して溶質が溶媒分子に覆われた形状となり，その表面が溶媒と区別されにくくなる現象のこと．

[*23)] 4価とは，原子価が4であるということであり，4本の結合をもてることを表す．詳しくは2巻1.2節（分子の構造）を参照．加えて，3.2.2項（熱と化学反応，p.40）の実際の問題でみたように，C-C結合の結合解離エンタルピーが大きいことも，有機分子の多様性に一役買っている（p.46参照）．

は別の種類の原子[*24]だけでなく他の炭素原子と電子を共有して安定な結合をつくる，他の元素ではあまりみられない性質がある．つまり，鎖状に長くつながった分子や環状につながった分子など，さまざまな構造の有機分子を形成することができるのだ．

■ **有機分子の構造**

有機分子には，膨大なバリエーションがあるということをイメージできたことと思う．続いて，有機分子の構造について説明しよう．

● **基本的な構造と表記のしかた**

先ほど，有機分子は炭素を中心に構成されていると述べたが，もう少し詳しくいえば炭素と水素を構成元素に含むものである（つまり，有機物質は2種類以上の元素から成り立っているので化合物といえる）．もっとも単純な有機化合物は，炭素と水素のみでできており（これを炭化水素とよぶ），共有結合によって炭素原子どうしが複数連なったものを基本骨格とし，さらに炭素は余った結合の手を使って水素とも結合した構造をとる．有機化学では炭素と水素が非常に多く登場するので，複雑な構造になるとCやHをたくさん書くのは大変である．そこで有機化学の世界では，誤解のおそれがない範囲で簡略化して表記してもよい，という約束がある．よく用いられるのは，炭素骨格のみを示し（線の両端と折れ曲がった部分に炭素がある），何も書いていないところには水素が結合していると考える，というルールである（図3.13）．炭素と水素以外の原子が結合している場合は，元素記号を表記する．本大会の問題では基本的に省略表記が用いられるので，慣れてほしい．この表記法の詳細は，4巻2.2節（立体化学）の最初に説明があるので参照されたい．

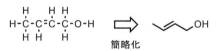

図3.13 有機化合物の基本構造（左）と，炭素と水素を簡略した表記（右）

このように，有機化合物の基本構造は炭素と水素によってできているのだが，その他に官能基とよばれる特定の構造をもったパーツがつく場合もある．官能基はヘテロ原子[*25]を含む原子団でいくつもの種類があり，同じ官能基がついた化合物は共通の性質を示したり共通の反応に関わったりする．例えば同じ炭素1

[*24] 一番多いのは水素だが，窒素や酸素などの場合もある．
[*25] ヘテロ原子とは，炭素・水素以外の原子のことである．ヘテロとは，「異なる」を意味する古代ギリシア語 heteros に由来する．有機化合物の中では炭素・水素が大部分を占めることから，「炭素・水素とそれ以外」という形で原子を区別してこうよんでいる．

個の有機化合物でも，炭化水素（メタン）の他にアルコール（メタノール），カルボン酸（蟻酸）など官能基の有無や種類によって多彩なバリエーションがある．

●**有機化合物の分類と命名法**

有機化合物は山ほど種類があるため，それらを紛らわしくないように区別し，表現することが有機化学の世界では必須である．考えてみてほしい．ある化合物について他の誰かに説明したいときはどうすればよいだろうか？　また，新しい化合物が誕生するごとに特別な名前を考えていてもきりがない．そこで有機化学の世界では，化合物に名前をつけるためのルールが定められている．これが命名法である．化合物の名前さえ分かれば，みんなが同じ分子構造をイメージできるというシステムである．命名法にはいくつかの種類があるが，一般的には国際純正・応用化学連合（International Union of Pure and Applied Chemistry, IUPAC）という化学者の組織が定めたIUPAC命名法とよばれるものが用いられる（組織的命名法，系統的命名法ともいう）．IUPAC命名法では，ある有機化合物のどの部分構造にとくに注目するかによっていくつかの種類の命名をすることが可能である[*26)]．

有機化合物に名前をつけるには，まずその分子の構造を把握しなくてはならない．炭素骨格こそが有機化合物の土台であることは，すでに説明した通りである．有機化合物をとらえるためには，やはりこの炭素骨格が第一の手掛かりとなる．その次に手掛かりとなるのがヒドロキシ基（-OH），カルボキシ基（-COOH）などの官能基である．もう少し詳細にこの識別の流れを説明していこう．

有機化合物の炭素骨格をおおまかに分けると，環状もしくは非環状のどちらかになる．環状骨格の有機化合物は，さらに芳香族かそうでないか（脂環式）のどちらかに分類できる（この区分については4巻2.1節（有機化合物の特徴）で説明するので，現時点では2つの種類があることだけを頭のすみにおけばよい）．一方，非環状骨格の場合には，直鎖構造（まっすぐな一本の鎖のように炭素がつらなっている）と分枝構造（途中でYの字のように鎖が枝分かれしている）のどちらかに分類できる．基本的には，このように炭素がどのようにつらなっている

[*26)] もう1つの代表的な命名法であるCAS命名法では，データベースの構築を目的としているため構造と名称は1対1あるいは複数対1で対応するようになっている．

のかでおおむね区分けが進むのだが，もう1つ，多重結合の有無も重要なポイントとなる．有機化合物中の炭素どうしは単結合（図3.14のように，結合の手を1本ずつ使ってつながった状態）をつくるだけでなく，二重結合・三重結合といって結合の手を2本もしくは3本使ってより強くつながることもできる．

IUPAC命名法では，以上のような分類に基づいて構造を把握し，命名を行う．実際有機化合物を命名するにはもう少し詳細なルールを理解する必要があるのでここでは割愛するが*27)，例えば図3.14のような構造の有機化合物は，「3,3-ジクロロペンタン-1-オール*28)」と名づけられる．

図3.14 有機化合物の命名の例

● **立体構造**

もう1つ，有機化合物の特徴として挙げられるのが立体構造の多様性である．炭素の原子軌道が正四面体の頂点方向に伸びていること，その4つの軌道を他の原子と共有し（＝共有結合を形成し）安定化することはすでに解説したが，実はこのことが立体構造の多様性とおおいに関係しているのである．ここではそれを説明していこう．

もう一度，炭素原子の軌道を図3.15(a)に示す．炭素原子は4価なので，他の原子と4か所で電子を共有し結合を形成することで安定化する．例えば4つの水素原子と結合すると図3.15(b)のような構造になる（この化合物をメタンという）．一方，炭素が4つともすべて違う置換基*29)と結合すれば図3.15(c)のような構造になる（この化合物を乳酸という）のだが，この場合には図に示すように2通りの立体的な配置が存在し得る．それらは一見すると同じなのだが，三次元空間でどのように動かしても決して重なることがない．この現象を不斉とい

---

*27) 国際化学オリンピックでは，構造式が示されて「IUPAC命名法に従ってこの化合物に名前をつけなさい」という問題が出題されることはない．また4巻ではたくさんの有機化合物が登場するが，その構造と名前を暗記する必要もまったくない．だが，将来もし化学の道に進むのであれば，いずれは名前から構造をイメージできるようになってほしい．IUPAC命名法に興味のある人は，ぜひ命名法に関する書籍（例えば『化合物命名法— IUPAC勧告に準拠—（第2版）』（東京化学同人）や『有機化合物 命名のてびき— IUPAC有機化学命名法 A,B,Cの部—』（化学同人））を参照してほしい．

*28) 2013年に新しいIUPAC命名法の勧告があり，具体的には優先IUPAC名（PINとよばれる）が導入されるという変更点があった．ただし，古い規則による命名が今でも行われる場合があり，例えば図3.14で表した3,3-ジクロロペンタン-1-オールは3,3-ジクロロ-1-ペンタノールとよばれることもある．

*29) 炭素と結合している水素原子のかわりに結合する原子や原子団のこと．

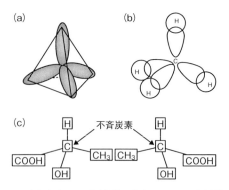

図 3.15 (a) 炭素の原子軌道，(b) メタンの立体構造，(c) 乳酸の 2 つの立体構造

い，その中心にある炭素を不斉中心とよぶ．このように，ある分子を構成する原子の内訳だけでなく結合の順序もまったく同一なのに，立体的には複数の配置が存在する性質を立体異性という．立体配置だけが異なる分子でも，実はその性質が大きく異なる場合もあるため[*30)]，この立体異性に注目した研究も盛んに行われている．立体異性についての詳細は 2 巻 4 章（総合問題），4 巻 2.2 節（立体化学）で解説する．

3.3 準備編―挑戦に向けてのさらなる一歩―

3.2 節（入門編―化学未修者が学ぶミニマム―，p. 30）においては，化学の根幹に関わることを中心に，化学の基礎の基礎を学んだ．この節では，引き続き化学にとって欠くことができない概念を学ぶことによって，国際化学オリンピックにさらに一歩近づきたい．

[*30)] サリドマイドという分子は，片方の立体異性体は睡眠薬として作用するが，もう一方は胎児の奇形を引き起こすきわめて危険な性質をもっている．かつては立体異性体の人体への効果の違いが重要視されておらず，開発され薬品化されて間もない 1950 年代後半に世界中で催眠薬や胃炎の治療薬として妊娠中の女性にもサリドマイドが処方されてしまい被害者が 5000 人以上にものぼる悲劇が起きた．さらにサリドマイドは体内で立体異性体が相互に変換する不都合な性質をもつことも明らかにされた．（しかしその後，研究を通じてハンセン病や多発性骨髄腫の治療に効果があるということが明らかになり，再び脚光を浴びている．）

3.3.1 平衡

■平衡とは何か

　化学反応には，メタンの燃焼反応のようにいったん燃焼がはじまれば燃え尽くすまで一気に進む反応もあるが，反応物の一部が生成物に変化し，全体としてはまだ反応物が残っている状態で変化が停止することになる場合もある．その一例として，pH指示薬として用いられるブロモチモールブルー（BTB）の水溶液中における酸解離反応（p.69）が挙げられる．BTB分子には，図3.16のように水素イオンの解離-結合によって相互に変換する黄色型と青色型があり，溶液のpHによってその比率が異なる．溶液の色は，黄色型と青色型の比率によって黄色から緑色を経て青色まで，溶液のpHに応じて変化する．

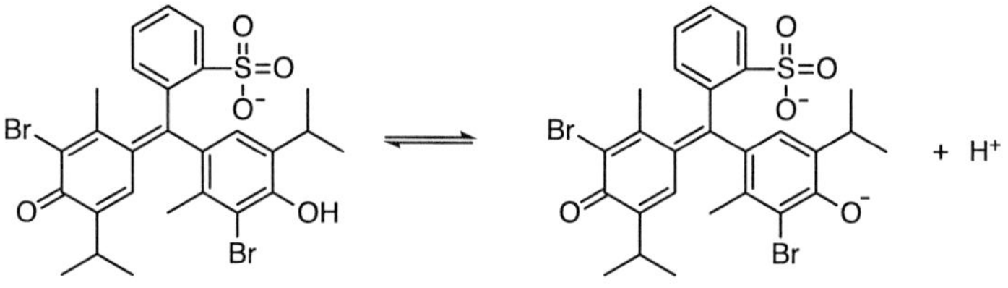

黄色型　　　　　　　青色型

図3.16 BTBのpHによる構造変化

　一定のpHの下では，反応が止まっているようにみえるが，実際には正方向の反応（黄色型 → 青色型）と逆方向の反応（青色型 → 黄色型）が同時に進行している．そしてその2つの反応が釣り合っていて，黄色型と青色型の比率が変わらないので，反応が止まっているようにみえるのである．ここで，溶液に酸や塩基を加えると，水素イオン濃度が変化して青色型と黄色型の間の変換の反応の速度が変化し，新たな「黄色型：青色型」比率で平衡が成立するので，色が変化してみえるのである．

　このように，可逆な化学反応[*31)]において，反応物と生成物がある一定の比率で反応が止まっているようにみえるとき，化学平衡が成立しているという．化

[*31)] 反応物から生成物に向かう反応とその生成物から元の反応物へのまったく逆の反応の両方が起こり得る反応系のこと．1つの条件下で両方向の反応が同時に起こらなくてもよい．

学平衡が成り立っているとき,反応物から生成物へ向かう正反応の速度と生成物から反応物へ向かう逆反応の速度が一致していて,反応物と生成物の比率は一定の値を保つ.

平衡とよばれるものには,化学平衡の他に,相平衡がある.液体とその蒸気が接しているとき,温度に応じた一定の蒸気圧が得られる.温度が一定であれば,一見何の変化もないようにみえるが,分子レベルでみると液体(液相)と蒸気(気相)の間でつねに分子が行き来しており,液相も気相も物質の出入りがないわけではない.液相から蒸発していく分子の数と気相から液相に戻ってくる分子数が等しいため,両相とも変化がないようにみえるだけである.この状態は気液平衡という状態で,相平衡の1つである.固体と液体,組成の異なる液体どうしなど,2つの相が互いに接していて,どちらの相でも温度や圧力,構成成分の組成に変化のないとき,相平衡が成立しているという.

■熱力学的支配と速度論的支配

化学平衡が成立したときの反応物と生成物の比率は,後に述べるように,反応物と生成物のエネルギー差(3.3.2項(エントロピーとギブズエネルギー,p.73)参照)によって決まる.

一方,変化の速度はさまざまな要因に支配されるので,反応系がいつもただちに平衡状態に向かうとは限らない.平衡状態に達するのにどれだけの時間がかかるかは,それぞれの反応系によって異なり,長い時間のかかる場合もあれば,瞬時に平衡に達する場合もある.

例えば,グルコースが酸素と反応して二酸化炭素と水になる反応について考えてみる.

$$C_6H_{12}O_6 + 6O_2 \rightleftharpoons 6CO_2 + 6H_2O \tag{3.35}$$

この反応の熱力学的な平衡状態は,圧倒的に生成物側に傾いている.実際,われわれヒトも,体内での代謝反応を通じてグルコースを完全に酸化して,この反応のエネルギーを利用して生きている.しかし,グルコースの粉末を空気中に放置したからといって,グルコースの酸化(燃焼)が自発的に進行するわけではない.これは,固体のグルコースと酸素の反応は,速度がきわめて小さいからである.

化学反応の速度については,3巻2章で反応速度論として学ぶが,反応を観測する時間のスケールによって,みているのが化学平衡に向かう過程なのか,化学

平衡よりはるかに手前の初期の反応をみているにすぎないのか，どちらなのかが異なってくる．前者の場合を熱力学的支配（熱力学支配），後者の場合を速度論的支配（速度論支配）とよぶ．

> **実際の問題**

第37回台湾大会　準備問題　問題22　速度論と平衡論

化学反応が，速度論的支配によるものか，熱力学的支配によるものかという考え方は，とくに有機化学において，反応条件によって生成物が異なる場合について議論する際にしばしば用いられる．スルホン化反応，ディールス-アルダー反応，異性化反応，付加反応などが，そのような反応の例である．

ここでは，反応条件の変化によって2つの異なる生成物の間に競争的な相互変換が起こるような場合を考える．すなわち，反応物Aは生成物BとCを与えるが，反応条件によってBとCの生成比が異なるようなときである．（ここでは便宜的にBが一番左に書いてあるが，反応物は中央のAである．）

$$B \underset{k_{-1}}{\overset{k_1}{\rightleftharpoons}} A \underset{k_{-2}}{\overset{k_2}{\rightleftharpoons}} C \quad (3.36)$$

このような反応は，通常，図3.17のようなエネルギー図（エネルギープロファイルという）で説明される．

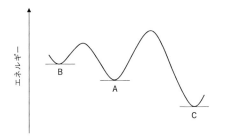

図3.17　反応 B ⇌ A ⇌ C のエネルギー図

22-1　反応開始2分後の生成物の濃度比 [B]/[C] を推定せよ．ただし，速度定数は $k_1=1$, $k_{-1}=0.01$, $k_2=0.1$, $k_{-2}=0.0005\,\text{min}^{-1}$ とする．

反応速度の目安として，反応の半減期（反応物の濃度が反応開始時の2分の1になるまでにかかる時間）がある．半減期は，$(\ln 2)/$（速度定数）に等しい（3巻2.1節（基本的な考え方と手法））．各反応の半減期を計算すると，B → A や C → A という逆反応は2分間ではほとんど進行せず，A → B と A → C だけを

考えればよいことが分かる．[B]/[C] 比は（A → B の速度）/（A → C の速度）＝k_1/k_2 で決まるので，[B]/[C]＝10 である．

22-2 4日以上経過したのちの生成物の濃度比 [B]/[C] を推定せよ．速度定数は上の問と同じとする．

4日＝5760 分は，一番遅い C → A の半減期（$\ln 2/0.0005$＝1386 分）より相当長い時間なので，4日のうちには4つの反応すべてが十分に進行するとみなすことができる．このとき，A と B の間には平衡が成立し，また，A と C の間にも平衡が成立する．A-B 間の平衡については

A → B の速度＝k_1[A], B → A の速度＝k_{-1}[B]

で，この2つがつり合っているから

$$k_1[A]=k_{-1}[B]$$

すなわち

$$\frac{[A]}{[B]}=\frac{k_{-1}}{k_1}$$

が得られる．同様に考えると

$$\frac{[A]}{[C]}=\frac{k_{-2}}{k_2}$$

が得られる．したがって

$$\begin{aligned}\frac{[B]}{[C]}&=\frac{[B]}{[A]}\times\frac{[A]}{[C]}\\&=\frac{k_1}{k_{-1}}\times\frac{k_{-2}}{k_2}\\&=\frac{1}{0.1}\times\frac{0.0005}{0.01}\\&=0.5\end{aligned}$$

である．

■ 反応比と平衡定数

可逆な反応に関する反応の進み具合の尺度として，反応比 Q[*32)] が用いられ

[*32)] 反応高とよばれることもある．

る．例えば反応
$$A+B \rightleftharpoons 2C \tag{3.37}$$
に対して，反応比は，各成分の活量 a_A, a_B, a_C を用いて
$$Q=\frac{a_C^2}{a_A a_B} \tag{3.38}$$
と定義される．活量は，物理化学的な性質を理論的に（熱力学的に）取り扱うときに用いる実効濃度であるが，溶液中の溶質については，溶液が十分に薄ければモル濃度を用い，混合気体中の気体成分については分圧[*33)]を用いる．また，純物質の液体や固体の活量は1である．

一般的には，反応
$$\alpha A+\beta B+\gamma C+\cdots \rightleftharpoons \lambda L+\mu M+\nu N+\cdots \tag{3.39}$$
に対して，反応比は
$$Q=\frac{a_L^\lambda a_M^\mu a_N^\nu \cdots}{a_A^\alpha a_B^\beta a_C^\gamma \cdots} \tag{3.40}$$
と定義される．この式においては，各成分の活量が，反応式の係数（量論係数）を指数とするべき乗[*34)]になっていることに注意してほしい．

式（3.37）の反応について，この反応が十分に薄い溶液中の反応であれば，式（3.38）は
$$Q=\frac{[C]^2}{[A][B]} \tag{3.41}$$
と表すことができるし，気体の反応であればそれぞれの分圧を p_A, p_B, p_C とおいて
$$Q=\frac{p_C^2}{p_A p_B} \tag{3.42}$$
と書くことができる（p は気体の圧力を意味する）．

化学平衡が成立しているとき，反応比 Q の値は平衡定数 K に等しい．

[*33)] 混合気体において，各成分の気体が混合気体と同体積を占めたと仮定したときに示す圧力を，それぞれの成分気体の分圧という．ある成分気体の分圧は，その成分気体の物質量（モル）に比例し，また全圧はすべての成分気体の分圧の和になるので，分圧は，（全圧）×（その成分気体のモル分率）に等しい．

[*34)] 活量（底）が係数（指数）で示される回数分かけ合わさっていることを意味する．ここで指数は必ずしも自然数に限定されるわけではない．

> **実際の問題**

第46回ベトナム大会　準備問題　問題7　応用熱力学

ある実験で，粉末のNiOと気体のCOを密閉容器に入れて1400℃に加熱した．系が平衡に達したとき，おもに4つの化学種NiO(s), Ni(s), CO(g), CO_2(g)が存在していた．平衡時におけるCOとCO_2のモル百分率は，それぞれ1%と99%であり，系の圧力は1.0 bar（1.0×10^5 Pa）であった．また，平衡 CO(g) + 1/2 O_2(g) $\rightleftharpoons$ CO_2(g) の1400℃における平衡定数は4080である．

7.1 上記の実験で起きた反応の化学反応式を書け．

7.2 実験結果と上記の熱力学的データに基づいて，1400℃で平衡に達したときのO_2の圧力を計算せよ．

問題 **7.1** の答えは以下のようになる．

$$\text{NiO(s)} + \text{CO(g)} \rightleftharpoons \text{Ni(s)} + \text{CO}_2\text{(g)} \tag{3.43}$$

問題 **7.2** は，この反応式（3.43）を用いて解くことができる．上記の反応式（3.43）は，次の2つの反応式に分解することができる．

$$\text{NiO(s)} \rightleftharpoons \text{Ni(s)} + \frac{1}{2}\text{O}_2\text{(g)} \tag{3.44}$$

$$\text{CO(g)} + \frac{1}{2}\text{O}_2\text{(g)} \rightleftharpoons \text{CO}_2\text{(g)} \tag{3.45}$$

式（3.43）の平衡が成立しているとき，同時に式（3.44）と式（3.45）の平衡も成立している．式（3.45）の反応比 Q は次のようになる．

$$Q = \frac{p_{\text{CO}_2}}{p_{\text{CO}} \, p_{\text{O}_2}^{1/2}} \tag{3.46}$$

1400℃で平衡が成立しているとき，$Q = K = 4080$ である（K は平衡定数）．一方，$p_{\text{CO}_2}/p_{\text{CO}}$ はモル百分率の比に等しいから $p_{\text{CO}_2}/p_{\text{CO}} = 99$ である．したがって式（3.46）からO_2の圧力は以下のように求められる．

$$p_{\text{O}_2}^{1/2} = \frac{p_{\text{CO}_2}/p_{\text{CO}}}{K} = \frac{99}{4080} = 2.424 \times 10^{-2}$$

$$p_{\text{O}_2} = (2.424 \times 10^{-2})^2 \text{ bar} = 5.88 \times 10^{-4} \text{ bar} = 58.8 \text{ Pa}$$

■ 酸と塩基の強さ

　平衡定数の考え方が重要な役割を果たす反応の1つに，酸と塩基の反応がある．例えば酸を水に溶かすと，水素イオンが放出され，このような反応を酸の解離（電離）という（酸解離反応）．水溶液中における酸 AH の解離は次の反応式で表すことができる．

$$\text{AH} \rightleftharpoons \text{A}^- + \text{H}^+ \tag{3.47}$$

最初に水に溶かした AH の全量に対して A^- の占める割合を電離度という．電離度が大きいほど，単位濃度の酸から放出される水素イオンの量が多いので，酸として強いということになる．強酸といわれる酸では，電離度は1に近い．

　式（3.47）の酸解離反応の平衡定数を酸解離定数とよび K_a で表す．平衡状態においては

$$K_a = \frac{[\text{A}^-][\text{H}^+]}{[\text{AH}]} \tag{3.48}$$

が成り立つ．この式の両辺の対数（常用対数）[*35] をとると

$$\log K_a = \log \frac{[\text{A}^-]}{[\text{AH}]} + \log [\text{H}^+] \tag{3.49}$$

となり，これを変形して

$$\log \frac{[\text{A}^-]}{[\text{AH}]} = -\log [\text{H}^+] + \log K_a \tag{3.50}$$

となる．このとき $-\log [\text{H}^+]$ は水素イオンの濃度（活量）の逆数の対数で pH の定義，すなわち $-\log [\text{H}^+] = \text{pH}$ である．これにならって酸解離定数も酸解離指数 pK_a というものを使って同様に

$$-\log K_a = pK_a \tag{3.51}$$

と定義すると

$$\log \frac{[\text{A}^-]}{[\text{AH}]} = \text{pH} - pK_a \tag{3.52}$$

となる．$\text{pH} = pK_a$ のとき $[\text{A}^-] = [\text{AH}]$ となり，全 AH の量のちょうど半分が電離した状態になる．図 3.18 に酢酸の解離平衡の pH による変化を示した．$\text{pH} = 4.76$ のとき $[\text{CH}_3\text{COO}^-] = [\text{CH}_3\text{COOH}]$ となるので，酢酸の pK_a は 4.76 である．

　pK_a の値の小さい酸は，pH の小さいとき，すなわちまわりに水素イオンがた

[*35] e を底とする対数を自然対数とよぶのに対して，10 を底とする対数を常用対数とよぶ．前者を ln（$\log_e$）と表記し，後者を log（$\log_{10}$）と表すことも多い．

くさんある環境でも電離して水素イオンを放出することができる強い酸である．これに対してpK_aの値の大きい酸は，pH の大きいとき，すなわちまわりに水素イオンがあまり存在しない環境でなければ，水素イオンを放出することができない．つまり，酸として弱い．このように，pK_aは酸の強さの指標として用いることができる．

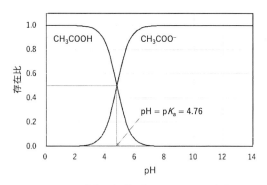

図3.18 酢酸の解離平衡の pH による変化

■ **溶解平衡**

分析化学では，溶解度の低い塩の生成を利用して，溶液中のイオンの種類を特定したり，特定のイオンの濃度を定量したりすることが，しばしば行われる．塩が溶液にどれだけ溶けるかという問題も，平衡の概念を使って検討することができる．

塩化銀 AgCl の飽和水溶液中に固体の塩化銀が溶け残っているとき，固体の塩化銀と水溶液中の銀イオンならびに塩化物イオンの間に，次のような平衡が成り立っている．これを溶解平衡という．

$$\mathrm{AgCl(s)} \rightleftharpoons \mathrm{Ag^+(aq) + Cl^-(aq)} \tag{3.53}$$

この溶解平衡の平衡定数は後述する溶解度積とよばれるK_{sp}で表され，平衡状態においては各化学種の活量を$a_{\mathrm{Ag^+}}$, $a_{\mathrm{Cl^-}}$, a_{AgCl}とおくと，

$$K_{sp} = \frac{a_{\mathrm{Ag^+}} a_{\mathrm{Cl^-}}}{a_{\mathrm{AgCl}}} \tag{3.54}$$

が成り立つ．ここで，固体の純物質である AgCl の活量は 1 であり，また，溶液中のイオンの活量はモル濃度で近似できるので

$$K_{sp} = [\mathrm{Ag^+}][\mathrm{Cl^-}] \tag{3.55}$$

となる．溶解平衡では一方が固体となり平衡式の分母は 1，すなわちK_{sp}はイオン濃度の積の形になるので，K_{sp}は溶解度積とよばれる．

実際の問題

第38回韓国大会　準備問題　問題7　塩の溶解度

金属やその塩の溶解度は，地球の歴史において地球表層の形状が変わる過程で重要な役割を果たしてきた．さらに，溶解度は地球の大気の変化も引き起こした．地球の歴史にはいろいろな説があるが，その中で比較的広く受け入れられているものの1つを，以下に述べてみよう．

原始地球大気は二酸化炭素に富んでいた．初期地球の表面温度は，小惑星がつぎつぎに衝突することにより水の沸点以上に保たれていた．地球が冷えたとき，雨が降り，原始海洋がつくられた．金属やその塩が海洋に溶け込んだので，海洋はアルカリ性になり，大気中の二酸化炭素の大部分は海洋に溶け込んだ．そして，溶解度の低い金属炭酸塩が海底に沈澱した．炭酸塩鉱物のCO_2の部分は，この原始大気に由来する．

生命は38億年前頃に誕生し，進化が進み，約30億年前に光合成を行うバクテリアが生まれた．光合成の副産物として酸素分子がつくられた．酸素は海洋中の金属イオンと反応したので，溶解度の低い金属酸化物は海底に沈澱し，後にプレートテクトニクスにより陸地となった．鉄やアルミニウムの鉱石は，過去においても現在も人類の文明において特に重要な資源物質である．

さて，ここでは銀のハロゲン化物を例にとり，溶解度について考えてみよう．AgCl および AgBr の K_{sp} 値は，それぞれ，1.8×10^{-10} と 3.3×10^{-13} である．

7-1 過剰の AgCl を脱イオン水に加えた．固体の AgCl と平衡にある水溶液中の Cl^- 濃度を計算せよ．また，AgCl のかわりに AgBr を加えた場合の水溶液中の Br^- の濃度を計算せよ．

脱イオン水[*36)] に AgCl を溶かしたとき，Ag^+ と Cl^- の濃度は等しくなるので，$[Ag^+]=[Cl^-]=x$ とおくと，以下のようになる．

$$K_{sp}=[Ag^+][Cl^-]=x^2=1.8\times 10^{-10}$$
$$[Ag^+]=[Cl^-]=x=1.3\times 10^{-5}\ \mathrm{M}$$

[*36)] 普通の水は金属塩を含んでいるが，この金属塩を取り除く処理をした水を脱イオン水とよぶ．

同様に，次のように Br^- の濃度を求める．
$$K_{sp}=[Ag^+][Br^-]=x^2=3.3\times 10^{-13}$$
$$[Ag^+]=[Br^-]=x=5.7\times 10^{-7}\,M$$

7-2 0.100 L の 1.00×10^{-3} M Ag^+ 溶液を同容積・同濃度の Cl^- 溶液に加えたとする．この溶液が平衡になったときの溶液中の Cl^- の濃度はいくらか．また，全塩化物の何％が溶液中に溶けているか．

Ag^+ 溶液を大量に加えれば，AgCl の溶解度を超えるので AgCl の沈殿が生じ，溶液は飽和になる．飽和濃度は **7-1** で求めたものと同じで，$[Cl^-]=1.3\times 10^{-5}$ M である．

溶液の体積は 0.200 L になっているので，溶液中に溶けている Cl^- の物質量は
$$1.3\times 10^{-5}\,M\times 0.200\,L=2.6\times 10^{-6}\,mol$$
となる．Cl^- の全物質量は，最初の溶液中の Cl^- の物質量に等しいから
$$1.00\times 10^{-3}\,M\times 0.100\,L=1.00\times 10^{-4}\,mol$$
となる．したがって，溶液中に溶けている Cl^- の量の全 Cl^- 量に対する割合は次のようになる．
$$\frac{2.6\times 10^{-6}\,mol}{1.00\times 10^{-4}\,mol}\times 100=2.6\%$$

次に，1.00×10^{-3} M Ag^+ 溶液を，Cl^- および Br^- の濃度がともに 1.00×10^{-3} M の 0.100 L の溶液に，かき混ぜながらゆっくりと加えたとしよう．

7-5 どちらの銀(I)ハロゲン化物がまず沈殿するか．最初の沈殿ができるときの状況を説明せよ．

$[Ag^+][Br^-]=3.3\times 10^{-13}$ となった時点で，AgBr の沈殿が生じる．さらに Ag^+ 溶液を加えていくと，$[Ag^+][Cl^-]=1.8\times 10^{-10}$ となった時点で AgCl の沈殿が生じる．

3.3.2 エントロピーとギブズエネルギー

■ 反応の駆動力

3.2節の入門編において,エンタルピーという物理量を導入し,反応に伴って系に出入りする反応熱は,反応系のエンタルピーの変化に対応していることを学んだ(3.2.2項(熱と化学反応, p.40)).

ところで,反応には発熱反応と吸熱反応がある.例えば,メタンの燃焼反応は発熱反応で,反応に伴って系のエンタルピーが減少する.

$$CH_4(g) + 2O_2(g) \longrightarrow CO_2(g) + 2H_2O(l) \qquad \Delta H° = -890 \text{ kJ} \qquad (3.56)$$

一方,硝酸アンモニウムの水への溶解反応は吸熱反応なので,反応に伴って系のエンタルピーは増加する.

$$NH_4NO_3(s) \longrightarrow NH_4^+(aq) + NO_3^-(aq) \qquad \Delta H° = +28.1 \text{ kJ} \qquad (3.57)$$

一般に,自然界における変化は,エネルギーの減少する方向に進む.エンタルピーもエネルギーの1つの形態なので,メタンの燃焼反応のようにエンタルピーの減少する方向に反応が進行するのは納得できる.しかし,エンタルピーの増加する方向に反応が進行する吸熱反応では,何が反応の駆動力になっているのであろうか.系のエネルギーに相当するものが,エンタルピー以外にも何かあって,その変化が反応の駆動力になっているのではないだろうか.

■ 物質の状態とエントロピー

そのもう1つのエネルギーのもとになっているのが,エントロピーである.エントロピーは,秩序や自由度と関連づけられる物理量で,自由度が大きいほど大きく,秩序が大きいほど小さい(図3.19).例えば,物質には固体,液体,気体の3つの状態があるが,状態の違い(固体か液体か気体か)によってエントロピーが大きく違う.とくに気体は,個々の分子の存在位置や運動状態について,取り得る状態がたくさんあり,自由度が大きく,大きなエントロピーをもっている.

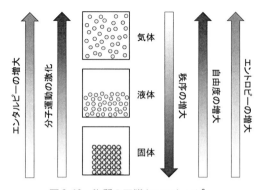

図3.19 物質の三態とエントロピー

■気体の膨張や混合によるエントロピーの変化

条件の変化によるエントロピー変化の一例として，気体の膨張に伴うエントロピーの変化について考えてみる．気体の体積が膨張すると，気体分子が自由に動きまわれる空間の体積が増加し，自由度が増加してエントロピーが増加する．等温等圧で n mol の気体を体積 V_1 から体積 V_2 へ膨張させたときのエントロピー変化は，次式で与えられる[*37]．

$$\Delta S = nR \ln \frac{V_2}{V_1} \tag{3.58}$$

例えば，1 mol の気体が拡散して体積が2倍になったとすると，上式から 5.8 J K^{-1} のエントロピーが増加することになる．2種類の気体を等圧で混合したときも，それぞれの気体分子が自由に動きまわれる空間の体積が増加するので，エントロピーが増大することになる．

実際の問題

第43回トルコ大会　準備問題　問題15　混合理想気体

形状が変化しない2つの容器がバルブによって連結されている．この容器は 298 K で熱平衡状態にあり，周囲から隔離されている．片方の容器には，1.00 atm で 1.00 mol の He（気体）と 0.50 mol の A（気体）が封入してあり，もう一方の容器には，1.00 atm で 2.00 mol の Ar（気体）と 0.50 mol の B$_2$（気体）が封入してある．

15-1 化学反応は生じないと仮定し，2つの容器の連結バルブを開放したときのエントロピーの増減を予測せよ．

一般に，気体の混合に際してエントロピーは増加する．

片方の容器には合計 1.50 mol，もう一方の容器には合計 2.5 mol の気体が入っている．**15-1** を解く限りでは，気体の種類は関係ないので，A とか B$_2$ がどのような物質かについては気にしなくてよい．圧力と温度が一定のとき，気体の体積は物質量に比例するから，容器の体積比は 1.5 : 2.5 である．連結バルブを

[*37] $\ln x$ は $\log_e x$ のこと．

開放すると，どちらの容器の気体も自由に動き回れる空間の体積が $(1.5+2.5)/1.5$ 倍，あるいは $(1.5+2.5)/2.5$ 倍に拡大するので，式 (3.58) を適用してエントロピーの増大を計算することができる．

$$\Delta S = 1.5\,R\ln\frac{1.5+2.5}{1.5}+2.5\,R\ln\frac{1.5+2.5}{2.5}$$
$$=8.31\times\left(1.5\ln\frac{4}{1.5}+2.5\ln\frac{4}{2.5}\right)\,\mathrm{J\,K^{-1}}=22.0\,\mathrm{J\,K^{-1}}$$

溶液については，多数の溶媒分子の海の中を溶質分子が動きまわっていると考えることができるので，気体と同じように，溶質分子が自由に動きまわれる空間の体積の大きさでエントロピーが決まることが分かる．一定の溶質の量に対して，溶液全体の体積が増大すれば，エントロピーは増大する．また，2つの溶液を混合しても，上の気体の例と同様にエントロピーは増大する．

■ **化学反応に伴うエントロピーの変化**

化学反応に伴って，エントロピーはどのように変化するだろうか．

数多くの純物質の標準圧力・標準温度における 1 mol あたりのエントロピー（標準モルエントロピー $S°$）が，測定と計算によって求められており，代表的なものについては教科書などに記載されている．これらの値を用いれば，ちょうど標準生成エンタルピーを使って反応エンタルピーを求めたのと同じように（3.2.2 項（熱と化学反応, p.40）），反応に伴うエントロピー変化，すなわち反応エントロピー $\Delta_\mathrm{r} S°$ も計算によって見積もることができる．

$$\Delta_\mathrm{r} S° = \sum S°(\text{生成物}) - \sum S°(\text{反応物}) \qquad (3.59)$$

しかし，もっと大雑把には，3.2.2 項や本項で学んだ事実をもとに，エントロピー変化の符号や大きさを予想することもできる．

反応に伴ってエントロピーが増大する典型的な反応として，次のような反応を挙げることができる．

- 液体や固体から気体の発生する反応
- 液体や固体が溶媒に溶けて溶液になる反応
- 気体の分子数が増える反応

このことから，例えば，炭酸カルシウムを加熱すると酸化カルシウムと二酸化炭素に分解する反応（$\mathrm{CaCO_3(s)} \longrightarrow \mathrm{CaO(s)} + \mathrm{CO_2(g)}$）はエントロピーの増大する反応であることが容易に分かる．

■ **熱力学第二法則**

　熱力学第二法則によると，自然界における変化は，宇宙全体のエントロピーが増加する方向にのみ，自発的に進むとされている．ところで，宇宙全体は，系（反応系など，今注目している部分）とそれを取り巻く外界に分けることができるので，熱力学第二法則は

$$\Delta S_{宇宙} = \Delta S_{系} + \Delta S_{外界} \geq 0 \tag{3.60}$$

と表すことができる．$\Delta S_{宇宙} = 0$ のときは，変化は可逆で，どちらの方向にも進むことができる．不可逆な変化においては，必ず $\Delta S_{宇宙} > 0$ の方向に変化が進む．

　外界のエントロピーは，熱の移動によって増減する．系を除いた残りの宇宙全体である外界は，無限に大きく，無限に大きな熱容量[*38)]をもつので，熱が与えられたり熱が奪われたりしても温度は変化しないが，外界が受け取る熱量 $q_{外界}$ に比例してエントロピーが増加する（式（3.61））．外界が熱を受け取ればエントロピーは増加し，熱を奪われればエントロピーが減少する．また，温度が低いほど熱の移動がエントロピーの増減に与える影響は大きい．

$$\Delta S_{外界} = \frac{q_{外界}}{T} \tag{3.61}$$

　反応が発熱反応のとき，外界は熱を受け取るので外界のエントロピーは増加する．一方，反応が吸熱反応のときは，外界は熱を奪われるので外界のエントロピーは減少する．この外界のエントロピー変化の符号と反応系のエントロピー変化の符号の組み合わせによって，表3.4に示すように宇宙全体のエントロピー変化の符号が決まり，その反応が自発的に進むかどうかが決まるのである．

　例えば，鉄の酸化反応（鉄さびの生成）は，気体である酸素が消失して生成物

表3.4　エントロピー変化と反応の自発性

反応のタイプ	ΔH	$\Delta S_{系}$	$\Delta S_{外界}$	$\Delta S_{宇宙}$	自発変化
発熱，エントロピー増大	−	+	+	+	起こる
発熱，エントロピー減少	−	−	+	−／+	起こる，あるいは起こらない
吸熱，エントロピー増大	+	+	−	−／+	起こる，あるいは起こらない
吸熱，エントロピー減少	+	−	−	−	起こらない

[*38)] ある系の温度が1K変化するのに要する熱量を熱容量という（3.2.2項（熱と化学反応，p.40）参照）．

は固体になる反応であるから,エントロピーの減少する反応である（$\Delta_r S° = -549.4 \mathrm{~J K^{-1}~mol^{-1}}$）.しかし,発熱反応であるから（$\Delta_r H° = -1648.4 \mathrm{~kJ~mol^{-1}}$）外界の受け取る熱の符号は正で,298 K（25℃）における宇宙全体のエントロピー変化を計算すると

$$\Delta S_{宇宙} = \Delta S_{系} + \Delta S_{外界} = \Delta S_{系} + \frac{q_{外界}}{T}$$

$$= -549.4 \mathrm{~J K^{-1}~mol^{-1}} + \frac{1648.4 \times 10^3 \mathrm{~J~mol^{-1}}}{298 \mathrm{~K}}$$

$$= -549.4 \mathrm{~J K^{-1}~mol^{-1}} + 5531.5 \mathrm{~J K^{-1}~mol^{-1}}$$

$$= 4982.1 \mathrm{~J K^{-1}~mol^{-1}} \tag{3.62}$$

となる.すなわち $\Delta S_{宇宙} > 0$ であり,実際にはゆっくりとではあるが,自発的に進行する反応であることが確認できる.

ところで,水と氷の間の相変化

$$\mathrm{H_2O(s)} \rightleftharpoons \mathrm{H_2O(l)} \tag{3.63}$$

においては,0℃を境に変化の向きが逆転する.0℃より下の温度では,液体 → 固体の向き,すなわち水が凍る方向に変化が進むのに対し,0℃より上の温度では,固体 → 液体の向き,すなわち氷がとける方向に変化が進む.

固体 → 液体の変化においては,$\Delta S = 22.0 \mathrm{~J K^{-1}~mol^{-1}}$（エントロピーの増加）,$\Delta H = 6.01 \mathrm{~kJ~mol^{-1}}$（吸熱）である.したがって,外界の受け取る熱は,$-6.01 \mathrm{~kJ~mol^{-1}}$であり,−10℃における外界のエントロピー変化は

$$\Delta S_{外界} = \frac{-6.01 \mathrm{~kJ~mol^{-1}}}{263 \mathrm{~K}} = -22.8 \mathrm{~J K^{-1}~mol^{-1}}$$

$$\Delta S_{宇宙} = \Delta S_{系} + \Delta S_{外界} = 22.0 \mathrm{~J K^{-1}~mol^{-1}} - 22.8 \mathrm{~J K^{-1}~mol^{-1}} < 0$$

となるので,氷がとける方向には自発的には進まない.

一方,+10℃では

$$\Delta S_{外界} = \frac{-6.01 \mathrm{~kJ~mol^{-1}}}{283 \mathrm{~K}} = -21.2 \mathrm{~J K^{-1}~mol^{-1}}$$

$$\Delta S_{宇宙} = \Delta S_{系} + \Delta S_{外界} = 22.0 \mathrm{~J K^{-1}~mol^{-1}} - 21.2 \mathrm{~J K^{-1}~mol^{-1}} > 0$$

となって,氷の融解は自発的に進む.

■ ギブズエネルギーと反応の自発性

熱力学第二法則（3.60）で理解しにくいのは,外界のエントロピー変化である.そこで,自発的な変化の向きの判別を行う際に,外界のことを考えずに済み,系についてだけ考えればよいように導入されたのが,ギブズエネルギーであ

る[*39)]．

ギブズエネルギーの定義は

$$G = H - TS \tag{3.64}$$
$$\Delta G = \Delta H - T\Delta S \tag{3.65}$$

である．ΔH は系から外界に放出される熱だから

$$\Delta G = \Delta H - T\Delta S = -q_{外界} - T\Delta S_{系}$$
$$= -T\Delta S_{外界} - T\Delta S_{系} = -T\Delta S_{宇宙} \tag{3.66}$$

である．すなわち，熱力学第二法則はギブズエネルギーを使って表すと

$$\Delta G \leq 0 \tag{3.67}$$

と書くことができる．すなわち，反応はギブズエネルギーが減少する向き（$\Delta G < 0$ の向き）に進むということができる．言い換えれば，化学反応や状態変化などの物理化学的な変化は，ギブズエネルギーの最小点に向かって進むということである．ギブズエネルギーは，（実は，一定圧力のもとでという限定つきではあるが）化学的な系においては，その系の変化と安定性を支配する決定的に重要なエネルギーなのである．

ところで $\Delta G = \Delta H - T\Delta S$ であるから，ΔH と ΔS の2つの因子のバランスが，ΔG の符号を決める．その典型的な例として，硝酸アンモニウムの水への溶解がある．この反応では $\Delta H° > 0$ であるが（$\Delta H° = 28.1$ kJ mol^{-1}），$\Delta S° > 0$ で，その値が大きいために（$\Delta S° = 108.7$ J K^{-1} mol^{-1}），$\Delta G° = \Delta H° - T\Delta S° < 0$ となるので，自発的に溶解が進行する．一方，酸化銀の分解反応の $2Ag_2O \longrightarrow 4Ag + O_2$ では，$\Delta H° > 0$，$\Delta S° > 0$ で（$\Delta H° = 62.2$ kJ mol^{-1}，$\Delta S° = 132.9$ J K^{-1} mol^{-1}），室温では $\Delta G° > 0$ で反応は進行しないが，468°C 以上の高温にすると $\Delta H° < T\Delta S°$ となるため $\Delta G° < 0$ になって，分解反応が進行する．これらの反応では，いずれもエントロピーの増大が反応の駆動力になっていることが分かる．表3.5は，ΔH

表3.5 $\Delta H°$，$\Delta S°$，$\Delta G°$ の符号と自発変化の方向の関係

反応のタイプ	$\Delta H°$	$\Delta S°$	$\Delta G°$	自発変化
発熱，エントロピー増大	−	+	−	温度によらず起こる
発熱，エントロピー減少	−	−	−／+	低温で起こる
吸熱，エントロピー増大	+	+	−／+	高温で起こる
吸熱，エントロピー減少	+	−	+	温度によらず起こらない

[*39)] ギブズ自由エネルギーとか，単に自由エネルギーとよばれることもあるが，IUPACの勧告では，ギブズエネルギーが正式名称となっている．

と ΔS の符号のさまざまな組み合わせに対して，どのような温度条件で反応が自発的に進むかをまとめたものである．

■ ギブズエネルギーと平衡定数

さてここで，化学平衡について，ギブズエネルギーの概念を使って考えてみる．可逆な反応系における反応の進行とギブズエネルギーの間には，図3.20のような関係がある．ギブズエネルギーの最小値を与える点が，平衡点である．

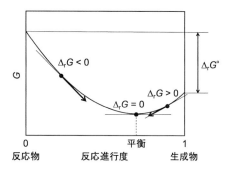

図 3.20 可逆な反応系における反応の進行とギブズエネルギーの変化の関係

反応混合物の組成が平衡点より反応物側に寄っているときは，$\Delta G < 0$ の向き，すなわち右向きに反応が進行する．反応混合物の組成が平衡点より生成物側に寄っているときは，$\Delta G < 0$ の向き，すなわち左向きに反応が進行する．いずれにしても ΔG の最小点である平衡点に向かって反応が進み，平衡点に収束する．

平衡定数 K と標準反応ギブズエネルギー $\Delta_r G°$ との間には，次式の関係がある．

$$\Delta_r G° = -RT \ln K \tag{3.68}$$

この式によって平衡定数の値が決まれば，$Q=K$ によって平衡点における反応系の組成を求めることができる．$\Delta_r G°$ の値が，あるいはそのもとになっている $\Delta_r H°$ と $\Delta_r S°$ の値が，平衡の位置を決めているのである．

ところで，$\Delta_r G° = \Delta_r H° - T \Delta_r S°$ であるから，$\Delta_r G°$ には温度依存性があり，したがって平衡定数にも温度依存性が生じる．このことにより，温度による平衡のシフトが起こることになる（ルシャトリエの原理）．これについては，次の問題で考えてみよう．

> 実際の問題

第49回タイ大会　準備問題　問題1　酢酸の二量化

酢酸（CH_3COOH）は，気相中でかなりの部分が二量体（会合体）を形成する（二量化する）．全圧 0.200 bar，温度 298 K のもとで，酢酸の 92.0% が

二量化する．温度を 318 K に上昇させると，二量化する酢酸の割合は減少し，318 K における圧平衡定数は 37.3 である．

1.1 二量化反応に伴うエンタルピー変化およびエントロピー変化を計算せよ．なお，$\Delta H°$ および $\Delta S°$ は温度に依存しないと仮定せよ．

二量化の平衡は次のように表される．

$$2\mathrm{CH_3COOH} \rightleftharpoons (\mathrm{CH_3COOH})_2$$

例えば，100.0 mol の酢酸が 298 K で二量化の平衡に達したとすると，92.0 mol が二量体になり，8.0 mol だけが単量体として残っていることになる．このとき，二量体 $(\mathrm{CH_3COOH})_2$ は 46.0 mol 存在し，単量体 $(\mathrm{CH_3COOH})$ と二量体 $(\mathrm{CH_3COOH})_2$ の合計は 54.0 mol になる．したがって，圧平衡定数は次のように求まる．

$$K_\mathrm{p} = \frac{p_{(\mathrm{CH_3COOH})_2}}{(p_{\mathrm{CH_3COOH}})^2} = \frac{0.200 \times \frac{46.0}{54.0}}{\left(0.200 \times \frac{8.0}{54.0}\right)^2} = 194$$

したがって，298 K における標準反応ギブズエネルギーは式（3.68）を用いて以下のようになる．

$$\begin{aligned}\Delta_\mathrm{r} G° &= -RT \ln K_\mathrm{p} \\ &= -8.31 \text{ J K mol}^{-1} \times 298 \text{ K} \times \ln(194) \\ &= -13.0 \text{ kJ mol}^{-1}\end{aligned}$$

318 K では

$$\begin{aligned}\Delta_\mathrm{r} G° &= -RT \ln K \\ &= -8.31 \text{ J K mol}^{-1} \times 318 \text{ K} \times \ln(37.3) \\ &= -9.57 \text{ kJ mol}^{-1}\end{aligned}$$

となり，$\Delta G = \Delta H - T\Delta S$，$\Delta H°$ と $\Delta S°$ は温度に依存しないことから

298 K において $-13.0 \text{ kJ mol}^{-1} = \Delta H° - 298 \times \Delta S°$

318 K において $-9.57 \text{ kJ mol}^{-1} = \Delta H° - 318 \times \Delta S°$

となる．これを連立させて解くとエンタルピー変化とエントロピー変化はそれぞれ以下のようになる．

$$\Delta H° = -64.1 \text{ kJ mol}^{-1}$$
$$\Delta S° = -170 \text{ J K}^{-1} \text{ mol}^{-1}$$

1.2 下から正しいものを選べ．
ルシャトリエの原理によれば，圧力が増大すると
　a．二量化する分子の割合が増大する．
　b．二量化する分子の割合が減少する．

圧力を下げる向きに平衡が移動する．反応混合物全体に含まれる気体分子の数を減らせば圧力は下がるから，aが正解である．

1.3 下から正しいものを選べ．
二量化する分子の割合は
　a．温度の上昇とともに減少する．
　b．温度の上昇とともに増大する．

上の計算結果から，高温では圧平衡定数が減少するので，二量化する分子の割合は減少する．ルシャトリエの原理によれば，温度が上昇すると系の温度を下げる向き，すなわち吸熱の起こる向きに平衡が移動する．二量体の生成する方向は発熱反応だから，二量体の解離する方向が吸熱で，温度を上げると二量体の減少する方向に平衡が移動する．したがってaが正解である．

▶ 3.3.3　原子軌道の形と結合の形成

3.2.3項（原子の構造，p. 48）では，原子の空間構造・エネルギー構造として，電子の「居場所」としての原子軌道とそのエネルギー準位を紹介した．本項では，原子軌道の形に注目して，さらに詳しくみていくことにする．

■ 原子軌道の形

3.2.3項（原子の構造，p. 48）では原子核からの距離に応じて，原子軌道が殻に分けられることを紹介した．より詳しくみると，同じ殻の中でも異なる形をもった軌道が存在する．とくに外側の殻ほど，さまざまな形の軌道が存在する．一番内側のK殻には1つのみの軌道が存在し，この軌道を1s軌道と

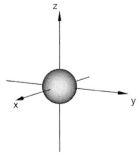

図 3.21　1s 軌道の形

よぶ（図3.21）．1sの「s」は軌道の形を示していて，均一な球状を意味する．

ところで，ここで「形」といっても本来，電子の存在確率は全空間に広がっている．そこで原子軌道の形を考える場合は通常，電子がある程度以上の確率で存在する領域を示した図を使う．「だいたいこの辺にいる」ということである．

さて，次にL殻の原子軌道を紹介しよう．L殻にも1s軌道と同様の球状の軌道が存在し，これは2s軌道とよばれる．ただし，1s軌道と異なり球が二重になっており，球と球の間には電子が存在しない隙間が存在する（図3.22）．この隙間のことを節面とよび，節面は1つ外側の殻になるたびに1つ増えるという性質をもつ．2s軌道に加えて，L殻には2p軌道というものも存在する．「p」は球状ではなく，前後2方向に伸びた形を意味する．この場合は，原子核を通る平面が節面になる．さらに，このように非対称な形の場合は，軌道の向きも考える必要がある．2p軌道の場合は$2p_x, 2p_y, 2p_z$の3方向が存在する．軌道の向きの数は，軌道の形が複雑になるほど多くなる．

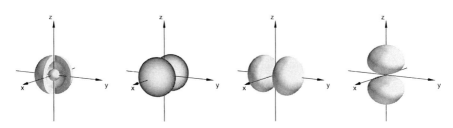

図3.22 左から順に2s, $2p_x$, $2p_y$, $2p_z$軌道の形

● 混成軌道

原子が単独の場合はこれでよいのだが，原子どうしが結合する場合は，この形で考えていると話が複雑になることがある．そのような場合には混成軌道という考え方を使う．混成軌道では，いったん2s, $2p_x, 2p_y, 2p_z$といった形のことは忘れ，単純に4つの電子が原子核のまわりに存在する場合を考える．電子どうしは反発するので，各電子は原子核の周囲を均等に4分割した領域に入ろうとするはずである（図3.23）．ここで，空間をx軸，y軸，z軸の三次元空間座標で表すと，これらの軸によって空間は8つの領域に分割される．この8つの領域のうちのとなり合わない4つの領域に電子を入れると，原子核の周囲に均等に電子を配置することができる．三次元座標で表すと，原子核の中心を原点$(0,0,0)$として，

それぞれの領域は (1, 1, 1), (1, −1, −1), (−1, −1, 1), (−1, 1, −1) の方向に広がった空間に相当する.

この4点を結ぶと正四面体になる. 正四面体の各頂点を中心に, 4つの電子が広がっている形である. 電子の反発だけ考えれば, この4方向に電子があるのが安定, ということになり, 実際の分子でも電子はこのような配置をとる.

この形は本来の原子軌道である 2s, 2p$_x$, 2p$_y$, 2p$_z$ 軌道とはまったく異なるよう

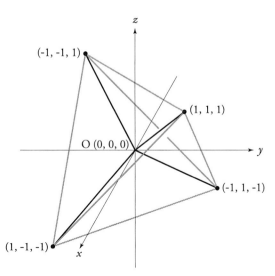

図 3.23 三次元空間で原点の周囲を均等に4分割する方向と, それを結んでできる正四面体

にみえる. しかし実は, 2s, 2p$_x$, 2p$_y$, 2p$_z$ の4つの軌道を数学的にうまく組み合わせると, この正四面体方向の軌道4つに変換することができる. すなわち, 本来なら形の異なる 2s, 2p$_x$, 2p$_y$, 2p$_z$ 軌道で電子の場所を考えなければならない複雑な状態を, かわりに形が同じ正四面体方向の軌道4つを使って簡単に考えることができる. このような考え方を混成軌道とよぶ. とくに, ここでは s 軌道1個と p 軌道3個の組み合わせなので, sp^3 混成軌道とよばれる.

この sp^3 混成軌道は8個の電子を収納するには合理的な形状である. とくに周期表の第2周期の右側にある原子番号 6, 7, 8 の炭素, 窒素, 酸素が化合物をつくるときに効果的である. これらの原子は単独では, 1s 軌道に電子が2つ入り, 残りの電子が L 殻の軌道に配置される. 化合物をつくるときは別の原子と電子を共有し合う (詳しくは p.85 で後述) ことで, L 殻に8個の電子が存在するようになる. このとき, 正四面体の方向に結合がつくられるので, 8個の電子は4つの sp^3 混成軌道に2個ずつ入っていると考えるといろいろな現象が理解しやすくなる.

また, 結合の仕方の違いによっては, 三角形型の sp^2 混成軌道, 直線型の sp 混成軌道というものを考える必要がある (図 3.24).

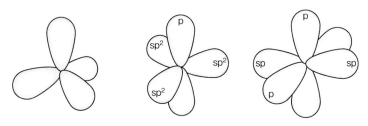

図 3.24 左から sp³ 混成軌道，sp² 混成軌道，sp 混成軌道の形

● d 軌道

次に，M 殻の原子軌道の話に移ろう．M 殻の原子軌道には 3s 軌道 1 つと 3p 軌道 3 つに加え，3d 軌道 5 つが加わる．この 3d 軌道になると，同じ M 殻の中でも 3s, 3p 軌道とはずいぶんと軌道の形が違ってきて，エネルギー準位も高くなる．その結果 3d 軌道のエネルギー準位は N 殻の 4s 軌道よりも高くなってしまう．このように d 軌道はちょっと独立性の高い集団である．

d 軌道の 5 つの向きは，p 軌道や sp³ 混成軌道と同様，原子核の周囲を均等に分割するような形になる．まず，そのうちの 1 つの d_{xy} 軌道を見てみよう（図 3.25）．M 殻の原子軌道だから節面は 2 つある．d_{xy} 軌道は四つ葉のクローバー状の形で，原子核を通る xz 平面と yz 平面が節面になっている．そうするとこの原子軌道は xy 平面上，x 軸と y 軸の間の斜めの方向に主に広がっていることになる．d_{yz} 軌道，d_{zx} 軌道も同様に，それぞれ yz 平面上，zx 平面上に四つ葉型に伸びる原子軌道になる（図 3.26）．つまり，この四つ葉のクローバー型の d 軌道 3 つは，三次元座標の軸と軸の間に位置する 12 の方向に広がる（図 3.27）．

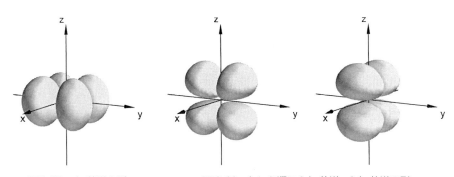

図 3.25 d_{xy} 軌道の形　　**図 3.26** 左から順に $3d_{yz}$ 軌道，$3d_{zx}$ 軌道の形

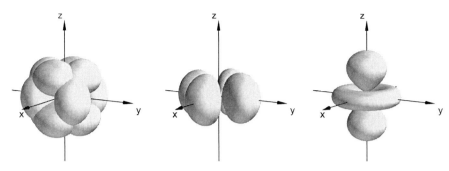

図 3.27 $3d_{xy}$, $3d_{yz}$, $3d_{zx}$ 軌道を重ねた様子

図 3.28 左から順に $3d_{x^2-y^2}$ 軌道, $3d_{z^2}$ 軌道の形

こうなると x, y, z 軸の方向に電子があまりいないことになってしまう.そこで,残りの2つのd軌道はこの6方向を埋めることになる.まず,$d_{x^2-y^2}$ 軌道が x 軸方向と y 軸方向に延びる四葉のクローバー型の原子軌道になっている(図3.28).図3.25に示した d_{xy} 軌道と同じ形で,xy 平面上で45°回転した形である.もう1つは d_{z^2} 軌道で,主に z 軸上に広がり,xy 平面にも若干広がっている形である.

これらの5つのd軌道を合わせると18個の領域で空間が均等に分割される(図3.29).

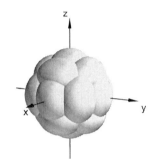

図 3.29 5つの3d軌道を重ねた様子

ところで,周期表は似た性質の元素が周期的に出てくることを示す表である.元素の周期表でみられる周期的に現れる傾向の1つが「縦並びの元素は似た性質」である.それは「縦に並んだ元素の最外殻の電子の配置がほぼ同じ」ということに起因すると説明されている.一方,第4周期の第3族からはじまる遷移金属は横方向にも似た性質の元素が並んでいる.ざっくりといってしまうと,内側の殻のd軌道に電子が入っていてこの数は異なるが,最外殻のs軌道の電子の配置が変わらないためと説明できる.

■ 結合形成

最後に,原子軌道からみた「原子と原子の結合」の考え方について簡単にふれておこう.これは,原子軌道の「重なり」と「位相」で決まる.

2つの原子の原子軌道が重なった場所に電子が存在する場合,その電子と両方の原子核との間で静電気力によるエネルギーが得られるため安定になり,原子核

どうしが離れにくくなる．これが原子と原子の結合の大原則である．電子が糊になって2つの原子核の位置関係を固定するのである（図3.30）．これが効果的な結合になるかどうかは，原子軌道どうしの効果的な重なりの程度によって決まる．原子軌道どうしができるだけよく重なることが求められるのである．

図3.30　原子軌道の重なり

そしてもう1つ重要なことがある．2つの原子軌道が重なって結合ができる場合，2つの原子軌道は組み合わさって新たに分子軌道というものに変化する（図3.31）．上で述べたことは，電子が新たに入る分子軌道のエネルギー準位が，元の原子軌道よりも低ければ，原子核どうしが離れにくくなり，結合になると言い換えることができる．

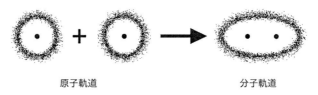

図3.31　分子軌道の出現

ところが，世の中そんなにうまくは進まない．得るものがあれば失うものもあるのだ．2つの原子軌道が組み合わさって新たに分子軌道ができる場合，分子軌道も2つできるのだが，1つはエネルギー準位の低い分子軌道，もう1つはエネルギー準位の高い分子軌道になる（図3.32）．前者は結合性軌道，後者は反結合性軌道とよばれる．結合性軌道ともとの原子軌道のエネルギー差よりも，反結合性軌道ともとの原子軌道のエネルギー差の方がつねに大きくなる．元の原子軌道

図3.32　分子軌道のエネルギー準位
(a)元の原子軌道のエネルギー準位に差がない場合，(b)エネルギー準位に差がある場合

のエネルギー準位に差がある場合は，分子軌道になってもあまりエネルギーが変化しない．

この現象を考えるには，原子軌道の位相という概念を使う．これまで原子軌道は単に電子が入る場所と紹介してきたが，物理的に詳しくみると種類の異なる2つの領域が存在しており，この種類のことを位相とよぶ．節面で隔てられた部分は互いに逆の位相をもつ．節面を2つ越えると逆の逆でもとに戻る．原子軌道2つが組み合わさる場合は位相が同じ組み合わせと逆の組み合わせの2つがあり，それが2つの分子軌道になる．位相が同じ組み合わせは，原子軌道どうしが融合するような形で結合性軌道になるが，位相が逆の組み合わせは，原子間に節面をもつ反結合性軌道になる．

複数の原子軌道が組み合わさって分子軌道をつくるときには，必ずもとの原子軌道の数と同じ数の分子軌道ができる．3つ以上の原子軌道がある場合は，元の原子軌道と同じエネルギー準位の非結合性軌道という軌道ができる場合もある．

また，分子と分子が相互作用する場合は，分子軌道と分子軌道からさらに新たな分子軌道が生まれることになる．

3.3.4 ギブズエネルギー，平衡，電位の統一的なとらえ方

これまで，ギブズエネルギーの重要性について説明してきた．ここではギブズエネルギーのさまざまな表現について学ぶ．

表3.6に示したのは，第48回ジョージア大会（2016年）で出題された理論問題冊子の公式一覧表である．この部分はほぼ毎年同じ内容となっている．

この表の中で，ギブズエネルギーに関する式をまとめておこう．ギブズエネルギーは，エンタルピー H，エントロピー S，絶対温度 T を用いて以下のように表される．

$$G = H - TS \tag{3.69}$$

標準状態における，化学反応によるギブズエネルギー変化は以下のように表される．これは，反応に関わるすべての物質の濃度を $1\,\mathrm{mol\,L^{-1}}$ としたときのギブズエネルギー変化であり，反応がどちらに進むのかを判断する基準となる．

$$\Delta_r G^\circ = \Delta_r H^\circ - T \Delta_r S^\circ \tag{3.70}$$

このギブズエネルギー変化は，化学反応の平衡定数 K と結びつけて考えるこ

表 3.6 定数と公式（国際化学オリンピック第 48 回ジョージア大会，理論問題の冊子 p. 3 をもとに作成）

アボガドロ定数	$N_A = 6.022 \times 10^{23}$ mol^{-1}	セルシウス温度目盛の 0°C	273.15 K
気体定数	$R = 8.314$ J K^{-1} mol^{-1}	ファラデー定数	$F = 96485$ C mol^{-1}
理想気体の状態方程式	$pV = nRT$	ギブズエネルギー	$G = H - TS$
$\Delta_r G° = -RT \ln K = -nFE°_{cell}$		水のイオン積（298.15 K のとき）	$K_w = 10^{-14}$
ネルンストの式	$E = E° + \dfrac{RT}{nF} \ln \dfrac{c_{ox}}{c_{red}} = E° + \dfrac{0.059 \text{ V}}{n} \log \dfrac{c_{ox}}{c_{red}}$ または $E = E° - \dfrac{RT}{nF} \ln Q = E° - \dfrac{0.059 \text{ V}}{n} \log Q$		
ランベルト-ベールの法則	$A = \log \dfrac{I_0}{I} = \varepsilon cl$		

とができる．イメージとしては，$\Delta_r G°$ が大きければ大きいほど，平衡状態において反応物と生成物の濃度の偏りが大きくなるととらえることができる．

$$\Delta_r G° = -RT \ln K \tag{3.71}$$

ここで，3.2.4 項（酸化と還元，p. 51）で少しだけふれた，ギブズエネルギーと標準電極電位の関係式をみてみよう．

$$\Delta_r G° = -nFE° \tag{3.72}$$

例として，ナトリウムイオンの還元反応を考えてみよう．

$$Na^+ + e^- \longrightarrow Na \quad \Delta_r G° = +262 \text{ kJ mol}^{-1} \tag{3.73}$$

ナトリウムは，3s 軌道に電子を 1 個もっているため，3s 電子を 1 個放出してネオンのような電子配置をとりたがる．そのため，式 (3.73) で表したような，ナトリウムイオンに電子を押しつけて元に戻そうという反応は好ましくない．それを反映して，$\Delta_r G°$ は正の値をとっている．それでは，ナトリウムイオンを無理やりナトリウムにする方法はあるだろうか？　ナトリウムイオンに電子を押しつける方法として用いられるのが，電圧を加えることである．食塩に電圧を加えると，どちらも $\Delta_r G° > 0$ であり，自発的には起こらない以下の反応を起こすことができる[*40]．

[*40] しかし，固体の食塩は電流をほとんど流さないため，家にある食塩に乾電池をつないでもナトリウムは生成しない．工業的には，高温で液体状態になった食塩に電圧を加える．

$$\text{Na}^+ + \text{e}^- \longrightarrow \text{Na} \qquad (3.74)$$

$$2\text{Cl}^- \longrightarrow \text{Cl}_2 + 2\text{e}^- \qquad (3.75)$$

それでは，どれくらいの電圧を与えればよいだろうか？ 電子に電圧を加えるとエネルギーが生まれる．このエネルギーは，電子の電荷 $-e \approx -1.602 \times 10^{-19}$ (C)と加えた電圧 E(V)を使って $-eE$ (J)と書くことができる．電子 1 mol に電圧を加えたときに生まれるエネルギーは，アボガドロ定数 $N_\text{A} \approx 6.022 \times 10^{23}$ mol^{-1} をかけて，$-eEN_\text{A}$ J mol^{-1} となる．そのため，ギブズエネルギー $\Delta_\text{r} G°$ J mol^{-1} を埋めるためにかける必要がある電圧 $E°$ は，反応によって押しつけられる電子の数を n とすると，式（3.72）のように書ける．ここで，$F = eN_\text{A} \approx 96485$ C mol^{-1} はファラデー定数とよばれる量である．

ここまでみてきたのは，反応に関わるすべての物質の濃度が 1 mol L^{-1} の場合と，反応が平衡状態にある場合の 2 つであった．それでは，その間の中途半端な濃度のときはどうなるだろうか？ まず，以下のような単純な反応を考えてみよう．

$$\text{A} \rightleftharpoons \text{B} \qquad (3.76)$$

平衡時の A の濃度を $c_\text{A}°$，B の濃度を $c_\text{B}°$ とすると，平衡定数 K は以下のように書ける．

$$K = \frac{c_\text{B}°}{c_\text{A}°} \qquad (3.77)$$

これにならい，任意の A の濃度 c_A と B の濃度 c_B について，反応商 Q とよばれる以下の量を定義する．

$$Q = \frac{c_\text{B}}{c_\text{A}} \qquad (3.78)$$

Q を用いると，あらゆる濃度における反応ギブズエネルギー $\Delta_\text{r} G$ が以下のように書けることが知られている．

$$\Delta_\text{r} G = \Delta_\text{r} G° + RT \ln Q \qquad (3.79)$$

$Q = K$ のとき，つまり平衡時には $\Delta_\text{r} G = -RT \ln K + RT \ln K = 0$ になり，平衡時に反応が見かけ上進まなくなることと矛盾しない．

Q はどんな化学反応に対しても定義することができる．次に示す，物質 O が還元されて R となる反応では，Q は式（3.81）のように書ける．

$$\text{O} + n\text{e}^- \longrightarrow \text{R} \qquad (3.80)$$

$$Q = \frac{c_\text{R}}{c_\text{O}} \qquad (3.81)$$

式（3.81）を式（3.79）に代入すると，次のようになる．

$$\Delta_r G = \Delta_r G° + RT \ln \frac{c_R}{c_O} \tag{3.82}$$

ここで，式（3.72）にならい，標準状態でない場合について電極電位Eを定義する．

$$\Delta_r G = -nFE \tag{3.83}$$

式（3.82）に式（3.72），（3.83）を代入して整理すると，

$$-nFE = -nFE° + RT \ln \frac{c_R}{c_O}$$

$$\longrightarrow \quad E = E° + \frac{RT}{nF} \ln \frac{c_O}{c_R} \tag{3.84}$$

となり，任意の濃度における電極電位を表す式になる．式（3.84）はネルンストの式とよばれている．

問題冊子に表3.6のような一覧表を載せるのは，ギブズエネルギー，平衡定数，電極電位を組み合わせて考えるようにという示唆ともいえる．おそらく日本を含め，中学や高校の通常の理科の授業で，この部分までカバーしている国はほとんどないのであろう．しかし，この関係を俯瞰できるようになると，化学の学習の見通しがかなりよくなることは間違いない．熱力学からのアプローチ，平衡からのアプローチ，電気化学的アプローチがギブズエネルギーを要にして結ばれたと言い換えることもできる．ギブズエネルギー・平衡定数・電極電位の三者の関係を図で示すと，図3.33のように三角形になる．

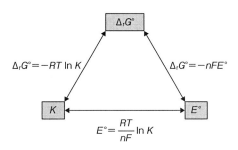

図3.33 ギブズエネルギー・平衡定数・電極電位の三者の関係

では，これまで学んできたことを使って2018年の第50回スロバキア／チェコ大会の準備問題に挑戦してみよう．

> **実際の問題**

第50回スロバキア／チェコ大会　準備問題　問題16　鉄の化学

生物学や生化学だけでなく，歴史，政治，技術においても，鉄は周期表の中でもっとも重要な元素の1つである．この問題では，物理化学の観点から鉄の化学を考える．

まず，鉄の酸化状態について詳細に検討しよう．

16.1 鉄化学種について pH＝0 におけるラティマー図を描け．次の標準電極電位を用いよ．

$$E°(\text{FeO}_4^{2-}, \text{H}^+/\text{Fe}^{3+}) = +1.90\,\text{V},$$
$$E°(\text{Fe}^{3+}/\text{Fe}^{2+}) = +0.77\,\text{V},$$
$$E°(\text{Fe}^{2+}/\text{Fe}) = -0.44\,\text{V}.$$

$\text{FeO}_4^{2-}/\text{Fe}^{2+}$ と $\text{FeO}_4^{2-}/\text{Fe}$，$\text{Fe}^{3+}/\text{Fe}$ の対についての酸化還元電位も計算し，図に描き加えよ．

16.2 鉄のそれぞれの酸化状態における電位を求め，フロスト図にプロットせよ．

pH＝0 において FeO_4^{2-} と Fe^{2+} の混合物は自発的に反応するか判断せよ．

16.1 $E°(\text{FeO}_4^{2-}, \text{H}^+/\text{Fe}^{3+}) = +1.90\,\text{V}$，$E°(\text{Fe}^{3+}/\text{Fe}^{2+}) = +0.77\,\text{V}$，$E°(\text{Fe}^{2+}/\text{Fe}) = -0.44\,\text{V}$ の3段階の還元反応について，ラティマー図を示す（図3.34）．

$$\text{FeO}_4^{2-} \xrightarrow{+1.90\text{V}} \text{Fe}^{3+} \xrightarrow{+0.77\text{V}} \text{Fe}^{2+} \xrightarrow{-0.44\text{V}} \text{Fe}$$

図3.34　水中での鉄化学種のラティマー図の中間段階（pH 0）

次に，$\text{FeO}_4^{2-}/\text{Fe}^{2+}$，$\text{FeO}_4^{2-}/\text{Fe}$ と Fe^{3+}/Fe の求める3段階の酸化還元電位を計算する．まず，与えられた半反応式を整理してみよう．

$$\text{FeO}_4^{2-} + 8\text{H}^+ + 3\text{e}^- = \text{Fe}^{3+} + 4\text{H}_2\text{O} \quad E°(\text{FeO}_4^{2-}, \text{H}^+/\text{Fe}^{3+}) = +1.90\,\text{V} \tag{3.85}$$

$$\text{Fe}^{3+} + \text{e}^- = \text{Fe}^{2+} \quad E°(\text{Fe}^{3+}/\text{Fe}^{2+}) = +0.77\,\text{V} \tag{3.86}$$

$$\text{Fe}^{2+} + 2\text{e}^- = \text{Fe} \quad E°(\text{Fe}^{2+}/\text{Fe}) = -0.44\,\text{V} \tag{3.87}$$

$\text{FeO}_4^{2-} \longrightarrow \text{Fe}^{2+}$ の反応は，鉄の酸化数6から酸化数2への還元である．これは

酸化数6から酸化数3への還元（式 (3.85), $FeO_4^{2-} \longrightarrow Fe^{3+}$；移動電子数3）と，酸化数3から酸化数2への還元（式 (3.86), $Fe^{3+} \longrightarrow Fe^{2+}$；移動電子数1）の2つの段階に分けて考える必要がある．ここで単純に酸化還元電位を足し算するだけではいけない．本来，足し算をしてよいのはエネルギーであり，電位ではない．そこで，式 (3.26) を用いて標準電極電位からそれぞれの反応のギブズエネルギー変化を計算し，2段階反応のギブズエネルギー変化を求め，電位に直すという手順をふむ．

$\Delta_r G° = -(3F \times 1.90 \text{ V} + F \times 0.77 \text{ V})$ がその値で，これを移動電子数の $3+1=4$ とファラデー定数 F で割ると，2段階が一気に起こるときの酸化還元電位となる．

$$E°(FeO_4^{2-}, H^+/Fe^{2+}) = \frac{3F \times 1.90 \text{ V} + F \times 0.77 \text{ V}}{4F} = 1.62 \text{ V}$$

残りの2つも同じように計算して（分母分子の F は最初から省いて）

$$E°(FeO_4^{2-}, H^+/Fe) = \frac{3 \times 1.90 + 1 \times 0.77 + 2 \times (-0.44)}{6} \text{ V} = 0.93 \text{ V}$$

$$E°(Fe^{3+}/Fe) = \frac{1 \times 0.77 + 2 \times (-0.44)}{3} \text{ V} = -0.04 \text{ V}$$

となる．これを書き込んだラティマー図が図 3.35 である．

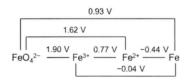

図 3.35 水中での鉄化学種のラティマー図（pH 0）

16.2 この場合，+6, +3, +2, 0（金属鉄）の4種の化学種が存在する．フロスト図は酸化数 N に対する $NE°$ のプロットなので，$NE°$ を計算すればよい．

$$Fe : 0 \times 0 \text{ V （定義より）} = 0 \text{ V}$$
$$Fe^{2+} : 2 \times (-0.44) \text{ V} = -0.88 \text{ V}$$
$$Fe^{3+} : 3 \times (-0.04) \text{ V} = -0.12 \text{ V}$$
$$FeO_4^{2-} : 6 \times 0.93 \text{ V} = 5.58 \text{ V}$$

これをプロットすると，図 3.37 のフロスト図が得られる．問題で問われている2つの化学種 FeO_4^{2-} と Fe^{2+} のプロットを結ぶ線（図 3.36 中の破線）は Fe^{3+}

のプロットよりも上に存在している．これは，FeO_4^{2-} と Fe^{2+} を混合したときのエネルギーが Fe^{3+} のエネルギーよりも高いことを表している．ここから，自発的に反応する（均等化反応が起こりやすいともいう）と判断できる．

$$FeO_4^{2-} + 3Fe^{2+} + 8H^+ \longrightarrow 4Fe^{3+} + 4H_2O$$

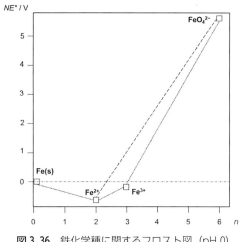

図 3.36 鉄化学種に関するフロスト図（pH 0）

3.3.5 有機反応

　有機化学で学習すべきことをおおまかに区分すると，有機化合物の分子構造，物理的性質，化学的性質（反応）の 3 つになる．分子構造については 3.2.5 項（有機物質とは何か，p. 56）で解説した通りである．大学の有機化学では，このうちの化学的性質を重点的に学ぶことになるのだが，残念ながら現在の日本の高校教育ではあまり重きが置かれていないのが実状である．この現状をふまえて，ここからは有機化合物の反応について少し詳しく解説していく．

■ **物理的性質と化学的性質**

　はじめに，物理的性質と化学的性質について説明しよう．3.2.5 項（有機物質とは何か，p. 56）では物質を有機物質，無機物質，金属物質というざっくりとした分類で比べた場合に，それぞれが異なった特徴をもつことを述べた．しかし，たとえ同じくくりに分類される物質であっても，すべてがまったく同じ性質を示すわけではない．あらゆる物質はそれぞれ固有の性質をもっており，さらに，その性質はおおまかに物理的性質と化学的性質に分けることができる．

　物理的性質（物性ともいう）は，状態（固体・液体・気体），色，硬さ，重さ，電気や熱の伝えやすさなど，物質そのものの性質のことであり，融点，沸点，密度などの数値（物性値）で表せるものが多い．材料として物質を利用する際に重視されるのが物理的性質である，と考えてもらえばよい．例えば鍋の取っ手に有

機材料を使うのは，有機材料が熱を伝えにくいという物理的性質に着目したものであろう．ここで，物理的性質を考える上では，物質が分子レベルでは別のものへと変わっていないという点に注意してほしい．一方，化学的性質は「物質の化学変化に関連する性質」，すなわち他の物質と反応して別の物質になろうとする性質のことをいう．

大学では有機化合物の化学的性質を重点的に勉強するということを冒頭で述べたが，なぜ有機化合物の反応（有機反応）を学ぶ必要があるのか，その意義についてここでふれておきたい．3.2節（入門編―化学未修者が学ぶミニマム―, p. 30）で解説した通り有機化合物のバリエーションは非常に多く，データベースに登録されているだけで数千万種類にのぼる．しかし，このすべてがもともと地球上にあったわけではない．むしろ，このうちのほとんどが人工的につくられたものであり，今なお新しい有機化合物が日々報告されている．

昔は有機化合物を人工的に合成することは不可能と考えられていたが，1828年，ドイツの化学者フリードリヒ・ヴェーラーはシアン酸アンモニウムという無機化合物を加熱することによって有機化合物である尿素が得られることを発見した．この発見を契機に，さまざまな有機化合物が合成されるようになった．はじめのうちは，天然にあるものを人工的につくりたい[*41)]という動機によるものが中心であったが，そのうち自然界には存在しない化合物の合成も盛んになり，それによって誕生した医薬品や繊維，プラスチックなどは人間の生活を豊かにした．化学者は膨大な数の有機化合物を合成し，また同時にたくさんの有機反応を発見してきたのである．こうした蓄積を生かして私たちの暮らしを便利にする新しい有機化合物[*42)]を合成しよう，あるいはその合成に活用できる便利な反応を発見しようと，今この瞬間も世界のどこかで化学者が奮闘しているのである．

■有機反応の概要

有機反応を学ぶことの大切さを知ってもらえただろうか．もし読者の中に，学校ですでに有機化学を習った人がいれば，こんなにたくさんの反応をいちいち暗記しないといけないのかとうんざりしているかもしれないが，実は，有機反応は

[*41)] 「アスピリン」の商品名で知られる鎮痛解熱剤がその一例である．柳の樹皮をなめることによって熱や痛みが軽くなることは紀元前から知られており，19世紀にはその鎮痛効果をもつ成分が分離され利用されていたが希少ゆえに高価であった．1899年，製薬会社のバイエルがこれを合成することに成功し，大量生産が可能になった．

[*42)] 難しい病気を治す新しい薬などを想像してもらいたい．

すっきりと整理して理解することができる．ここからは有機反応[*43)]の概要を説明していこう．

一般に「有機反応」といったときは，ある原料分子がある反応条件下で，ある生成物へと変化することを意味する．その途中で起きていることについて考えるには，次の3つの視点で分子のふるまいや状態に注目すると分かりやすいだろう．

（1）分子における，原子や結合の電子の分布
（2）結合の形成および切断，または電子の移動
（3）官能基や骨格の変換

この考え方では，(1)から(3)にかけて視点がより大きく分子全体を俯瞰するものになっていることに留意されたい．

（1）分子における電子の分布 この視点では，反応がはじまる前の状態における分子の性質を考える．有機分子の骨格は炭素原子と水素原子からなるが，他にも酸素原子や窒素原子など他の元素を含んだ官能基や，二重結合・三重結合のように単結合とは異なる性質をもった部位を有する場合がある．電気陰性度が大きく異なる元素の原子どうしの結合では，電気陰性度が大きい原子側に共有電子対が引き寄せられて，電子の分布が偏った状態になる．このような現象は分極とよばれるが，詳しい説明は4巻2.1節（有機化合物の特徴）を参照されたい．一般に有機分子が反応するときは，電子が豊富な部分と電子が不足している部分がぶつかることで構造の変化が引き起こされる場合が多い．もちろん例外も存在し，電子密度の偏りがない部分どうしで反応する例もあるが，それについては4巻3.3節（その他の重要な反応）で紹介する．

（2）結合の形成および切断，または電子の移動 ここから，ようやく分子の形が変化する挙動が対象となる．分子の中で電子密度の大きい部分と小さい部分が接近すると，その原子どうしで新たに結合を形成したり，あるいは新しい結合を生じるかわりに他の結合が切断されたりする．この結合の形成・切断の視点から，いわゆる「反応」を扱うことになる．このとき，結合の形成・切断の形式によって，置換反応，付加反応，脱離反応，転位反応の4つの形式に分類できる．反応とよべる最小の単位であるため，これらは素反応とよばれる．また，電子が

[*43)] ここから先の説明を読んだときに，「有機反応」という用語の指す内容がとても広く，あいまいに感じるかもしれないが，「有機化合物が関与する反応（化学的な変化）」くらいにざっくりとらえてほしい．

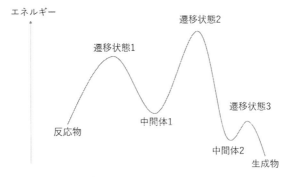

図 3.37 反応物が生成物へと変化するにいたる反応の一例

非常に豊富な有機分子やイオンから，電子が非常に不足している有機分子へと電子だけが移動することもある．このように単純な酸化還元反応においては，構造式の上では結合の形成や切断は起きていないようにみえるが，本質的には結合の形成・切断と同じふるまいである[*44]．

(3) 官能基や骨格の変換　多くの有機反応では，新しい結合が1か所できて終わりというわけではなく，また反応物から生成物までノンストップで変化するわけでもない．実際の反応では，結合の形成と切断を繰り返して，その反応条件ではそれ以上反応が起きない構造（生成物）まで変化する．反応物が生成物にいたるまでには，反応物や生成物ほど安定ではないが，フラスコの中で一時的に存在できる程度には安定な中間体とよばれる状態を経ている[*45]．例えば図 3.37 は，反応物から中間体 1 までの過程が (2) の視点における 1 つの反応を示している．同様に，中間体 1 から中間体 2，中間体 2 から生成物へといたる過程もそれぞれが素反応であり，この反応は全体として 3 つの素反応からなっている．各素反応では，分子が変化する過程でいったんエネルギー的に不安定になる必要があり，もっとも不安定な状態を遷移状態とよぶ．素反応自体は途中で止まることなく一気に進むため，遷移状態における構造は安定に存在することはできない．

■ **有機反応の分類**

すでに述べた通り，有機化学におけるほとんどの素反応は置換反応，付加反

[*44] 結合の形成や切断は分子軌道の組み換えによって起きているが，単純な電子移動も分子軌道間の電子の移動である．そのため，分子軌道という観点からは電子移動の前後で「結合」は変化している．

[*45] 反応条件を変えたり特殊な措置を施すことで，分光法で中間体を観測したり，場合によっては安定な物質として取り出せる場合もある．

応，脱離反応，転位反応のいずれかに分類できる．本巻では，このうち置換，付加，脱離の3種類についてそれぞれ解説することにしよう．

(1) 置換反応 有機分子の同一原子上で結合切断と結合生成が起こって，分子中のある原子または基が別の原子または基に置き換わる反応を置換反応という．例えば図3.38では，原子AとXとの結合が切断され，置換基Yとの間で新たな共有結合が形成されている．この置換基Yが電子不足の状態（Y^+）であれば，分子内で分極しているA-Xの電子密度の高い部位に近づいて電子を奪うことによって反応が起こる（求電子置換反応とよばれる）．一方，Yが電子豊富の状態（Y^-）の場合にはA-Xの電子密度の低い部分を攻撃することから，求核置換反応とよばれる．このように，原則として有機反応は電気的にプラス（電子不足な状態）の化学種とマイナス（電子豊富な状態）の化学種の間で起こる．この考え方は置換反応以外の有機反応でもきわめて有効なので，つねにこれを意識して有機反応を眺めるよう心がけてほしい．

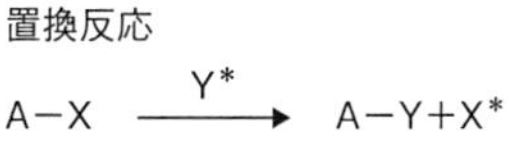

置換反応

$$A-X \xrightarrow{Y^*} A-Y+X^*$$

図3.38 置換反応

(2) 付加反応 有機分子中の二重結合や三重結合[*46]が開裂（共有結合が何らかの作用で切断されること）し，その結合を構成している両端の原子がそれぞれ別の原子や基と新たな単結合を形成する反応を付加反応という（図3.39）．いうなれば1+1=1のような反応形式である．

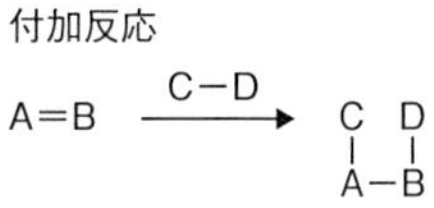

付加反応によって新しく生じる結合は必ずしも2本というわけではなく，図3.40に示すように生成する結合が1本だけ（B-C）の場合もある．

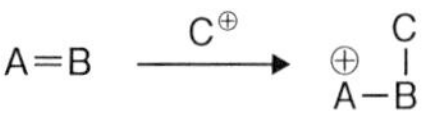

(3) 脱離反応 1つの有機分子が2つの分子に分かれる反応を脱離反応という．いわば付加反応の逆の反応である（図3.41）．

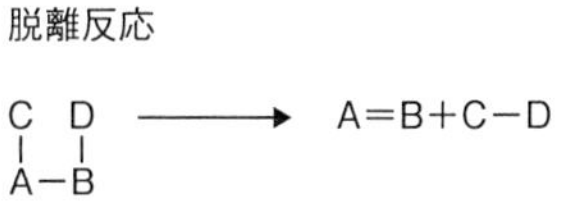

付加反応

$$A=B \xrightarrow{C-D} \begin{array}{c} C D \\ | | \\ A-B \end{array}$$

図3.39 付加反応

$$A=B \xrightarrow{C^\oplus} \begin{array}{c} C \\ \oplus | \\ A-B \end{array}$$

図3.40 特殊な付加反応

脱離反応

$$\begin{array}{c} C D \\ | | \\ A-B \end{array} \longrightarrow A=B+C-D$$

図3.41 脱離反応

■ **有機反応の具体例**

有機反応の見方やおおまかな種類を解説したところで，少し具体的な例を取り上げてさらに理解を深めてもらうことにしよう．図3.42に示すような反応を例に，p.95で述べた(1)〜(3)の視点で分子と反応を考える．

[*46] 単結合に対して付加反応する例もあり，そのような場合はとくに挿入反応ともよばれる．

まずは，反応する前の3つの成分の性質について(1)の視点から考えてみよう．図3.43に示すようにピロールのN-H結合は，電気陰性度の差によって窒素原子は電子豊富に，水素原子は電子不足になっている．また，点線で指し示した塩化アセチルのカルボニル炭素原子は，酸素原子と塩素原子という電気陰性度が大きい原子が結合してい

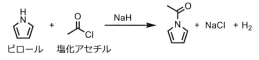

図3.42　ピロールのアセチル化反応

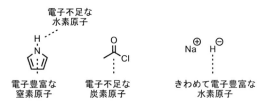

図3.43　反応物の電気的な特徴

るため，電子不足になっている．最後に，NaH（水素化ナトリウム）は，負電荷を帯びたH^-（水素化物イオン）がきわめて電子豊富な水素原子としてふるまう．

　反応物の性質についてイメージできたところで，実際に起きる反応を素反応に分け(2)の視点からおっていこう．まず，ピロールの電子不足な水素と，水素化ナトリウムの電子豊富な水素が反応し，水素分子となって脱離する．実は中性のピロールの窒素原子はほとんど塩基性をもたないが（芳香環の一部のため）これにより，ピロールの窒素原子は負電荷を帯びきわめて電子豊富な窒素原子となる（図3.44）．

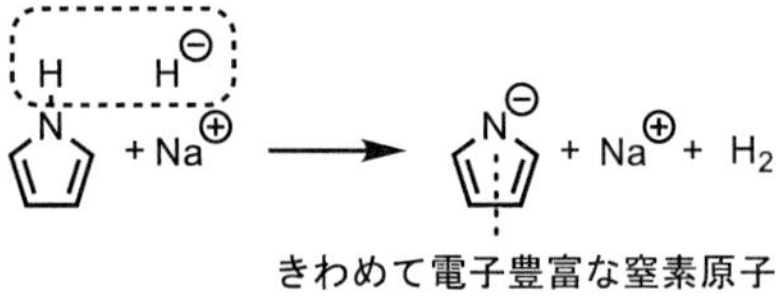

図3.44　ピロールからの水素イオンの脱離

　続いて，負電荷を帯びた窒素原子と塩化アセチルの電子不足な炭素原子の間で結合が形成し，それによって押し出されるようにC-O間の二重結合のうち1本が切断される．この付加反応によって生じる反応式右側のアニオン中間体では，電気陰性度が大きい塩素と酸素と窒素が結合した炭素原子は電子不足に，負電荷を帯びた酸素原子はきわめて電子豊富になっている（図3.45）．

　最後に，C-O間に新たにもう1本の結合が形成されると同時にC-Cl結合が切断されて，最終的な生成物であるN-アセチルピロールにいたる（図3.46）．

　このように，(3)の視点では1つの式で簡単に描かれる反応であってもその中にはいくつかの素反応を含んでいて，原料や中間体の性質が次に起きる素反応と

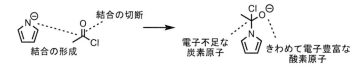

図 3.45　塩化アセチルへの付加反応

リンクしていることが分かる．
もちろん，この例で登場した説明は分子の性質の記述としてはかなり初歩の部類であり，より複雑な素反応や有機反応について考えるには 4 巻で紹介するよ

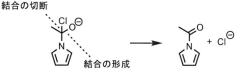

図 3.46　塩化物イオンの脱離

うなさまざまな知識を身につける必要がある．しかし，有機反応について考えるための (1)〜(3) の視点自体はそう大差ないので，階層的に有機反応をとらえるという概念は以降も忘れないようにしよう．

3.4　世界の高校生としての心がけ

　最後に，直接化学に関係はしないが，精神論を述べさせてもらいたい．
　まず，国際化学オリンピックの試験問題について，出題者側が思うことを考えてみよう．この試験は，マークシート方式で答えるものはない．しかし，採点には公平性が求められる．そのため，採点基準は非常にはっきりしている．それでは，採点は楽なのかというと，決してそんなことはない．これは，生徒の答案用紙の書き方が乱雑であることが多いためである．
　例として，図 3.47 の 2 つの答案を見比べてもらいたい．ぱっと見て，答案 (A) よりも答案 (B) の方が好ましいと感じるだろう．その理由を具体的に述べる．

■ 字の汚さ

　高校生にもなると，すでに自分の字体が完成されていると思う．しかし，他人が読めない字というのは書いていないのと同じことである（よりタチが悪いともいえる）と肝に銘じよう．実験課題においては，例えば滴定値を記述することがあるが，0 にも 6 にも読める数字などは言語道断である．答案は，自分だけが分かるように書くメモとはまったく異なり，誰が読んでも同じ情報が伝わるということが必須である．もちろん，限られた試験時間の中で答案を書く時間を減らし

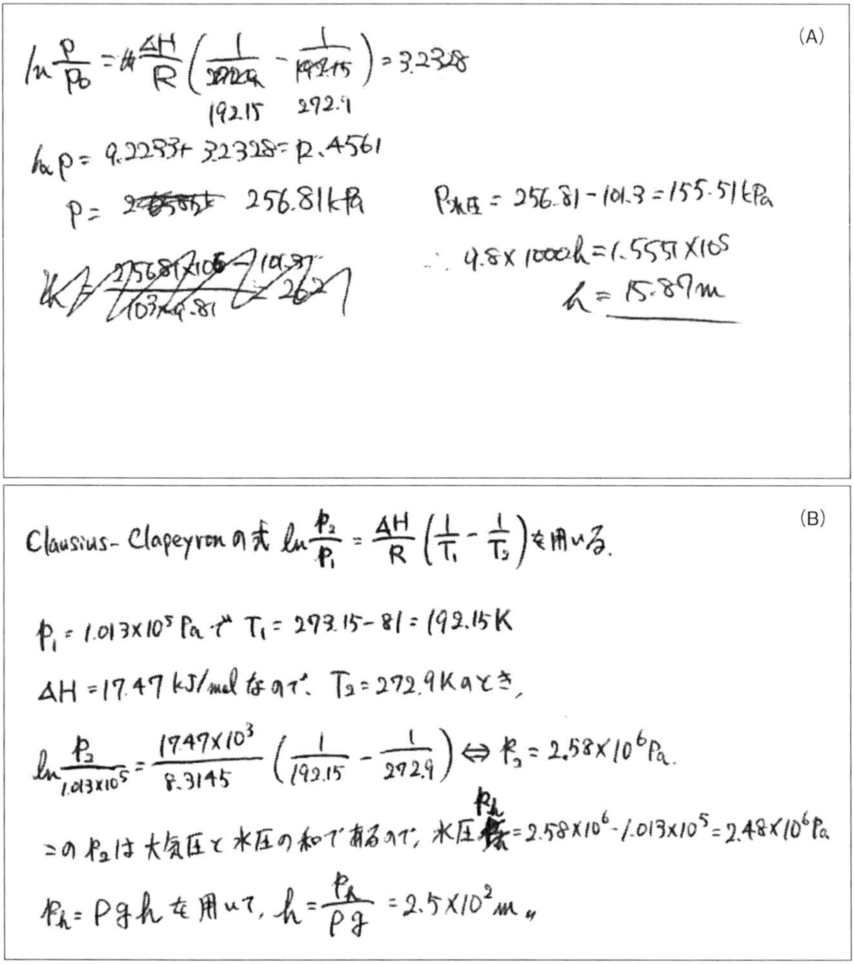

(A)

$$\ln \frac{p}{p_0} = \frac{\Delta H}{R}\left(\frac{1}{192.15} - \frac{1}{272.9}\right) = 3.2328$$

$\ln p = 9.2293 + 3.2328 = 12.4561$

$p = 256.81\text{ kPa}$

$P_{水圧} = 256.81 - 101.3 = 155.51\text{ kPa}$

$h = \dfrac{256.81 \times 10^3 - 101.3}{10^3 \times 9.81} \cdot \dfrac{}{}$

$9.8 \times 1000 h = 1.555 \times 10^5$

$h = 15.89\text{ m}$

(B)

Clausius–Clapeyron の式 $\ln \dfrac{P_2}{P_1} = \dfrac{\Delta H}{R}\left(\dfrac{1}{T_1} - \dfrac{1}{T_2}\right)$ を用いる.

$P_1 = 1.013 \times 10^5\text{ Pa}$ で $T_1 = 273.15 - 81 = 192.15\text{ K}$

$\Delta H = 17.47\text{ kJ/mol}$ なので, $T_2 = 272.9\text{ K}$ のとき,

$\ln \dfrac{P_2}{1.013 \times 10^5} = \dfrac{17.47 \times 10^3}{8.3145}\left(\dfrac{1}{192.15} - \dfrac{1}{272.9}\right) \Leftrightarrow P_2 = 2.58 \times 10^6\text{ Pa}.$

この P_2 は大気圧と水圧の和であるので, 水圧 $P_h = 2.58 \times 10^6 - 1.013 \times 10^5 = 2.48 \times 10^6\text{ Pa}$

$P_h = \rho g h$ を用いて, $h = \dfrac{P_h}{\rho g} = 2.5 \times 10^2\text{ m}.$

図 3.47 答案の書き方の例 (3 巻 1.2 節 (平衡) で紹介する第 45 回ロシア大会 (2013 年)「メタンハイドレート」の問 4 を例とした)

たいという気持ちは分かる. それに, 字のうまい・下手は避けられない. しかし, 誰でも読めるレベルで丁寧に書くということは必ずできるはずである. 自然な誠意が示せるかどうかは大きな差となる.

■書き損じ

　日本では, 試験問題の答案作成には鉛筆もしくはシャープペンシルを用いるこ

とがほとんどである．しかし，国際化学オリンピック（というより，海外の多く）では，試験問題の答案作成にボールペンを用いる．つまり，一度書いたら消せないのである．解答欄に書きながら答案を考えるのではなく，道筋を問題用紙などに記述した後に清書という形で解答欄に記述するのが理想的である．ただ，一度答案を記入した後，間違いに気づいて書き直さなければならなくなることもあるだろう．そのような場合は，慌てずに該当箇所を二重線で消し，思考の道筋が見えにくくならないように配慮してほしい．

■ 論理構成

　採点は，主催者側と日本の引率者側とで独立に行う．そして，主催地が海外の場合，主催者側は日本語が読めるわけではないので，日本語で行間を埋める必要はないように思うかもしれない．しかし，行間を埋めるということは，日本側の採点および採点交渉において非常に重要になってくる．部分点をつける場合は，ある部分まで解けているかどうかを判断することになる．その際，どのように導き出したかが明快でない場合，実質的には部分点がもらえるような答案でも加点されない可能性がある．採点交渉は時間制限もあるため，答案にあいまいな部分が多くなると，主催者側を説得することができずに終わることもある，ということだ．

　具体的に気をつけるべきことは，
- 計算式の中に現れる数字がどのような物理量を表しているのかが明記されているか
- どのような仮定・近似を置いたのか
- ある数字を文字に置き換えて書く場合に定義を明確に記しているか

といったことである．数式の羅列が答案まで続いており，なおかつ計算に誤りがあった場合，どこまでの部分点が加算できるかを判断するのは非常に苦労する．

　これらの視点で，あらためて図 3.47 の答案例を見てみよう[*47]．この問題は配点 3 点の問題であり，1 点ずつ部分点の基準が決められている．答案(B)は正しい答えなのだが，答案(A)は最終的な答えが間違っている．そのため，答案(A)を採点するときは，どこまで正しく解けているのかを判断しなければならない．ということで，答案(A)を最初から見てみると，いきなり式が出てきて，し

[*47] なお，答案(A)，(B)ともに執筆者がこのために書いた答案であるが，答案(A)は実際の試験での生徒の答案をもとにつくっている．

かもそれぞれの数字の意味が分からない．答案(B)のように，どのような数式を使い，どのような物理量を用いたのかを明確に記さないと，どのように考えたのかが分からず，部分点がもらえない可能性がある．答案(A)の2行目では，新たに本文中に記載のない値9.2233が出てきている．1行目の式と合わせて考えてみるとおそらく $\ln(p_0)$ であると思われるが，p_0 の定義が書かれていない．採点時に配られる大会の公式解答と合わせて考えてみると p_0 は大気圧ではないかと推測されるが，大気圧である $p_0 = 1.013 \times 10^5$ Pa を代入しても9.2233にはならない．つまり，何をしているのかが分からないので，採点交渉のときに助けようがないのである．なお，その後の解答を見て推測すると，答案(A)の作成者が大気圧を誤って $p_0 = 1.013 \times 10^4$ Pa としてしまったのがすべてのミスの原因であると考えられるが，限られた採点時間でそこまでチェックすることは困難である．

　以上，具体的に書いたことをまとめると，答案という提出書類を作成する際は「とにかく何かを書けば，採点者にいいように判断してもらえるだろう」ではなく，「採点者に自分の答案を読んでもらい，考えの道筋を明確に理解してもらおう」という姿勢で臨んでほしい．答案(A)の分析を読んでイライラした，その気持ちを忘れてはいけない．もちろん，他の人に伝わるような答案をつくるのは簡単ではなく，一朝一夕にできることではない．しかし，このような姿勢で臨むことは，国際化学オリンピックに限らずあらゆる仕事において共通していえることであるので，日頃の学習において十分に気をつけるようにしてほしいと思う．

　また，試験以外の面での精神論についてもふれておきたい．晴れて国際化学オリンピックの日本代表となった場合に，どのようなことに気をつけるべきか，ということである．例として，私が代表になったときに起きた出来事を述べよう．私が代表生徒としてモスクワ大会に参加した際，経緯は不明であるが，とある国の代表チームが，紙を燃やして自室の部屋から外に投げるという事件があった[*48]．もちろん，このチームはお叱りを受けることになるが，私はその国の人と会うのがはじめてであり，その国のイメージが「火の玉を投げる国」という負のイメージではじまってしまった．もちろん，その国の人すべてが火の玉を投げるわけではないが，国際化学オリンピックの場で国の代表生徒として国際交流をするということは，日本のイメージを左右する可能性もある，ということであ

[*48] 彼らは "Fire ball" と叫んでいた．事実に即している点では間違ったことは言っていないが，人の道という点では間違った行為である．

る．近年は 80 を超える国や地域から高校生が集まっているが，多くの生徒にとって，日本の代表生徒が「はじめて会う日本人」となる．もちろん，このことはチャンスでもあり，他者への敬意を忘れず，かつ積極的に交流することにより，今後の人間関係が大きく広がるだけでなく，日本の印象もよくなるだろう．日本の代表チームの雰囲気は年によってさまざまであるが，すべての年において，世界に羽ばたく高校生として TPO に合わせたふるまい[*49] ができるように喚起している．

また，国内に目を向けても，国際化学オリンピックに対する注目度は上がっており，その代表生徒に対する期待も高まっている．ここでいう期待には，もちろんメダルの色も含まれている．しかし，メダルの色以上に，日本代表生徒とよばれるにふさわしい人間性を，そして品位を身につけてほしいと願っている．それが，国際化学オリンピックの今後の発展に直接つながっていくだろう．

より広い視点でいうと，すべての人が何かの看板を背負っている．例えば，ある高校生が善い行いをすれば，その高校生だけではなく，その高校の風土も讃えられる．逆もまたしかりである．国際化学オリンピックを目指す皆さんには，今のこの時点から，自分の行いが自分以外の人・団体へ影響を及ぼすことを自覚し，善い生き方を心がけるようにしてほしい．

[*49] TPO は Time, Place, Occasion の頭文字であり，時・場所・状況に応じた適切な行動をとる，ということである．

付録A　第2章の補足（国際化学オリンピックの出題範囲と日本の高校化学の違い）

2.2.1項（シラバスとは，p. 19）では出題範囲について説明をした．以下では，国際化学オリンピック出場を目指す中高生の指導にあたる教員に向けて，より細かく説明し，そして指導方法について補足したい．

A.1　2.2.1項（シラバスとは）の補足

国際化学オリンピックの運営を規定しているのは「Regulations of the International Chemistry Olympiad (IChO)：国際化学オリンピック規則」である．日本語翻訳版は，日本化学会が運営してる国際化学オリンピックのウェブサイト[*1)]の「国際化学オリンピックとは」のページで見ることができる．これは国際化学オリンピックを主催する組織向けの規約であるが，その中に「実験課題」「筆記試験」の問題作成に関する規約があり，参加を考える生徒やその支援者には重要な情報となる．2018年現在適用されている規則は2008年の国際化学オリンピック第40回ハンガリー大会中に行われた国際審議会（International Jury：大会に代表生徒を引率するメンターの会議で，国際化学オリンピックの最高決定機関）で承認されたものである[*2)]．

前述のウェブサイトより「国際化学オリンピック大会（IChO）規則（2008年7月18日改定版）」の付録リストを引用しよう．

[*1)] http://icho.csj.jp/index.html（2019年2月14日閲覧）
[*2)] 出題範囲の理解には，2004年版が分かりやすかった．2004年版シラバス（大会規則の付録C（筆記），D（実験））では，原子・化学結合にはじまり物理化学，無機化学，有機化学など13分野，計400ほどの項目が難易度によりレベル1〜3にランクづけされていた．レベル1，2はとくに準備問題に含めずに本番で出題してもよく，レベル3の問題を出題する場合には事前に準備問題に含める必要があった．

付録A　（A1　生徒をまもるための安全指導）
　　　　（A2　主催国向けの安全指針）
付録B　（B1　危険警告記号とその説明―学校で使う試薬に適用）
　　　　（B2　R分類とS勧告）
　　　　（B3　危険性の表示）
付録C　（C1　参加生徒の全員が既習と考えてよい事項）
　　　　（C2　準備問題に組み込めば本試験に使える概念と実験スキルの例）
付録D　参加生徒の全員が既習と考えてよい化学知識

　ここで読者の皆さんによく見てもらいたいところは，付録Cと付録Dである．付録Aと付録Bは安全に関わるきわめて重要な内容で，もちろん日本の中等教育の場でもおおいに取り入れるべきところであることは間違いない．日本の教育界でもできるだけ早く安全に関する素養が自然に醸成れるような雰囲気になることを希望している．ただし現在の諸々の状況下では生徒は，まず出題範囲を網羅してから，余裕ができたところで付録Aと付録Bを考えるというのが現実的だと思われる．もちろん代表生徒になったら，出国までに付録Aと付録Bをしっかり読んで内容を理解していくことが必要だ．実験課題の前日にはじめて説明を受けるのでは余裕をもって実験課題に臨むことは難しいだろう．

　さて，付録Cと付録Dに記載されている「出題範囲」を眺めてみよう．

　付録Cには「化学の概念」と「（化学）実験のスキル」が，付録Dには「化学の知識」が列挙されている．付録Cは2つに分けられている．C1にもC2にも「化学の概念」と「実験スキル」が列挙されていてC2がより高度な内容である．この項目の並べ方・示し方の意図するところは，生徒の力を，「求められる水準の知識があることは前提とした上で」，「どのように考えることができるか」，「実験が適切に行えるか」，で評価しようとするものと読み取れる．つまり，試験範囲の設定にあたって，国際化学オリンピックに参加する生徒であれば十分に理解・習得しているはずであろう「化学の概念」と「実験スキル」をC1に，知識を付録Dに示している．それに加えて，各国を代表する優秀な生徒の実力（学力）を峻別すべく，C2の問題によってより難易度の高い試験実施にふさわしい問題を加えることができるようにしている．一方，難易度の高い「化学の知識」については設定がない．

　以上から読み取れることとしては，国際化学オリンピックでは，少なくとも形

の上では「知識量を求めるのではなく，考える力を評価する」ということであり，多くの国において化学の中等教育課程での教育は，そういう方向を目指すということである．

もう少し掘り下げていうならば「国際化学オリンピック」ではコンクールの実施にあたり，「化学現象をどのように考えることができるか」と「実験をいかに適切に行えるか」という観点で生徒を評価するのであって，「化学の知識の多寡を競わせるものではない」という意思を明確にしようとしているということである．この流れは中等教育の化学のみならず科学全般の世界的な傾向ともいえ，自然現象を含めて「未知の現象や想定外の事態に遭遇」したとき，それを合理的に理解し，すばやく適切に対応する能力の育成が重要な目的となっている．

一方，日本の高校生や教員の立場からみると，付録Dはともかく，付録Cの中身を現在の中等教育課程での化学の教育内容と比較して考えるのは難しいだろう．そこで着目してほしいのが「C1 参加生徒の全員が既習と考えてよい事項（2004年版シラバスのレベル1と2に相当）」の記述で，特に2008年改定の規約には用いられなくなった「シラバス」という言葉である．「2004年版シラバス」とは，2004年版の規約の付則Dのことである．ここでは「概念」と「知識」をとくに区別することなく，化学の項目を難しさで3段階，レベル1, 2, 3, に分類して示している．つまりレベル1, 2が2008年版規約の付録のC1に相当する．レベル3は高度な項目だが，試験に出る可能性もある範疇で，準備問題に組み込めば本試験に使える項目である．この辺りは，2008年版の規約の付録C2とほぼ一致している．C2では以下のように述べられている．

> 下記の［＝C2で列挙されている］項目（ないし同等の項目）から，筆記問題は6つまで，実験問題は2つまで，準備問題に組み込んでよい．「同等の項目」とは，基礎力のある生徒なら2～3時間の講義や実習，質疑応答により習得できる内容をいう．

この文の意味するところは，本試験においては，筆記試験で3つまで，実験問題は1つだけ，C2の難易度の問題を加えることができるということである．このレベルの問題を本試験で出題するには，本試験の半年前に公開される準備問題で，1つの項目につき2つ以上の問題を入れておかなければいけないからである．

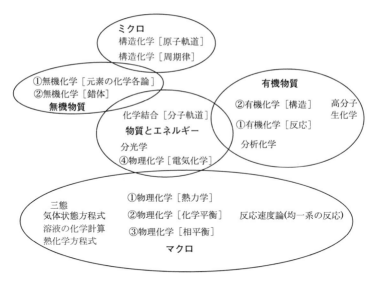

図 A.1 化学における各分野の相関図

　このように，実際の判断材料としては，2004 年版シラバスがより扱いやすい整理のされ方で参考になると認識して，国際化学オリンピックのウェブサイトでもこれを閲覧できるようにしている．

　これがシラバスという言葉が生き残っている状況の実際である．これは 2008 年版の規約が実際に適用された 2009 年イギリス大会のウェブサイトで，新旧の規約を合わせたとみられる説明がなされ，そこに「シラバス」という言葉が使われていること，イギリス大会の実施責任者がその後の数年間，大会に関与して大きな影響を与えたことによるものと思われる．

　現実的な対応としては，2004 年版のシラバスと 2008 年版規則の付録 C，D はほぼ同一の内容を，切り口を変えて表しているものとみなし，2004 年版のレベル 1～3 を指標にして，どのような項目を学習すべきか判断するのがよいだろう．この考え方を軸に実際の出題項目を眺め，化学各分野の相関を大胆に示したのが図 A.1 である．ミクロ，マクロ，物質とエネルギー，無機物質，有機物質の 5 つに分けて相関を示している．まずは基本のミクロの「知識」を習得した上で，物質とエネルギーおよびマクロな世界の概念をしっかりと身につける方向が望ましいだろう．有機物質はその基本内容の段階から分化している構造であり，基本学習とともに応用を組み合わせたフィードバック型の学習が望まれる．

A.2　2.2.3項（日本の学習内容との違いを埋める）の補足

■ 化学教育の内容の背景とこれからの変化の予想

　2.2.3項（日本の学習内容との違いを埋める，p.25）で述べた他国と比べて大きく異なる3点（自由エネルギーの概念，化学結合，有機物質とその反応）は，おそらく教育する項目の範囲が長い間，固定されてきたところに起因していると思われる．中等教育の化学に関して考えると，その項目はオストワルドの『化学の学校』が書かれた1930年代に主流だった流れを基本的に踏襲するものと思われる．これは，20世紀初頭頃の化学教育の柱である．だいたいその時期から，非常に効率よく，そして基本的に前の期間の教育内容が受け継がれてきた．その骨格はほぼ不変といってよいだろう．しかし，この間，医学や生理学の世界では遺伝の担い手としてのDNA，RNAが化学的に特定され，きわめて多くの医薬が登場し，さらにきわめて多くのポリマーが登場している．それにもかかわらずこれらのトピックスは追加された形でとりこまれており，項目の入れ替えという，学習体系の再構築は行われていない．

　また，教育対象者に期待される，教育後の社会的立場の違いも大きいと思われる．すなわち，20世紀前半に中等教育を受けていた層は，当時まさに近代産業化の中での指導的な立場になる層である．教育も化学品の製造がベースとなっているのは，その当時からすれば至極合理的といえる．明治維新後の富国化政策においては適切な内容である．一方，現在世界中でより気にかけられているものは，合成や製造よりも身近な有機物質がどのように変化していくかということを理解することであろう．無機物質の反応が通常すばやく完了するのに比べると，有機化合物の反応は遅い．そして遅いのだけれど化合物としては安定性に乏しくダラダラと反応する．この辺りが厄介で，日常の生活で触れることも多い物質としては，まさに信号機の黄色信号の点滅に例えられるくらい不安定であるといってもよい．このように産業化のリテラシーという位置づけから，日常生活者のリテラシーへの転換が，海外の中等教育の社会からの要望に応える，大きな転換となるのである．身のまわりに登場，あるいは存在する有機物質がどのように反応し，分解していくかについて，できるだけ精度高く予想したい，それに必要な化学の知恵を育てたい，というのが現在のトレンドの背後にある考え方と思われる．

　これらの，中等教育における化学教育で対象となる項目の変遷は，「覚える」

から「理解する」への変革を促しているものと考えられる．なぜこのような変化が起こるのか，を説明できる能力が期待されているということである．有機化学の反応は化学反応の中でももっとも説明しにくいものであり，これを合理的に理解して説明できるということが，化学の学習の流れを貫く一本の道筋であろう．

■ 3つの項目の再確認

現在人間が利用するエネルギーの多くは，有機化合物が還元という形でたくわえたものを取り出したものである．石油，石炭，天然ガスがこの類である．社会との関わりにおいて，精度高くエネルギーを見積もり，評価し，調達利用するには，やはりギブズエネルギーを理解することが不可欠である．ギブズエネルギーの部分を現行の学習課程の内容に上乗せすることが強く求められる．その理解のためには，温度，圧力，体積，エントロピーの4つの変数の相互関係までふみこむことが必要である．

化学結合については，まずその根本概念としての電子の軌道をはっきりと伝えること，それによって化学結合が一元的に理解できるといいきってしまうことが必要と思われる．そして，立体電子的な扱いによって，反応がかなり確度高く予想できることを納得させることが望ましい．定量的な扱いはせず，相対的に大小判断できるレベルで留めておいて問題はないだろう．また，HOMO（最高被占準位）とLUMO（最低空準位）を理解することが重要と思われる．これらは有機化学の反応を考える上で，巻き矢印の終点と始点となる原子である．

一方，扱う有機化合物の拡張については，化合物の知識を増やすよりも，有機化合物に関する半定量的な感覚と確率の概念が分かればよいと思われる．それをふまえて事例検討ケーススタディの拡張で対応するのが現実的だろう．

ここまで日本の中等化学教育の立場から，国際化学オリンピックの対象となっている諸項目を眺め，とくに集中して補強するのが適切と思われる内容を，あえて3つの項目に絞ってみた．まとめると以下のようになる．①エネルギーについては，重要な化学概念でかつ反応の方向性の解析や予想の指標となるものとしてより厳格な定義づけと，精密な物理的・数値的な取り扱いを導入する対応が必要である．②化学結合については，概念の導入と反応を考える上での定性的から半定量的な取り扱いの導入が適切である．③「扱う有機物質の拡張」については，少数の典型的な化合物について暗記するのではなく，身のまわりの有機化合物をどう見るか，という視点で反応性や物性についてのケーススタディで補っていくとよい．

付録B 国際化学オリンピックの利用方法
—高校化学教育の観点から—

　高校生が国際的な科学コンクールを目指すときどの分野を選ぶか，という点については残念ながら正直「化学」は分が悪い．自然と湧いた興味をもって自発的に自由研究に取り組むときはさらにその傾向が顕著であろう．数学や物理，生物と比べて，自由研究の内容はどう見ても全体的に見劣りする．

　国際化学オリンピックへの参加を希望する生徒や指導をする教員の役に立つことを目指して書かれている本書の趣旨からすると，この問題はしっかり分析し，適切な対応を考えてしかるべきと思われる．

B.1 科目としての化学—問題点と改善策—

B.1.1 化学の立ち位置

■理系大学生の嗜好

　大学入学直後の大学生に限らず学部卒業間近でも理系大学生に理系のどの科目が好きかと聞いてみると，数学が好きだと答える学生は多い．ただ，高校までの数学であれば特別に好きではないがそんなに苦にはならないという程度の学生も多い．数学好きな学生は，すっきりとした解があるのが好き，という層のようである．物理もすっきりと答えが出るから好き，あるいは安心するそうだ．わずかな原理から結果が一義的に導かれる古典的物理学の世界，そういう構図の中で落ち着くということのようだ．他方で生物学ではかなり違った視点で対象を扱うのも想像できる．分子生物学や遺伝子工学は機器の上の技術であり，個体としての生物を対象にした科学たる生物学では，（例えばある草について，ある動物について，ある微生物について，など）1つ1つの対象とする生物に対して方法論が別々にあるように，多種多様な体系の生物学が存在する．こうしたイメージが「帝国の物理」，「ムラの生物」とよばれるゆえんである．そうすると，「化学

は？」ということになるが，やっぱりあいまいで，すっきりしないという印象が強いように思われる．物理学や生物学と同じように例えるなら化学は「共和国」であるといえる．

　化学は物理科学の1つとして分類されている．理化学とほぼ同義の物理科学は英語で physical science で，もともとは演繹的な科学，すなわちいくつもの事例や事実に基づいて結論を導き出す帰納法的な知識集積型科学ではなく，普遍的な規則などに基づいて結論を導き出す科学である．化学も物質の変化とそれに伴う現象は一意的に決定されるという立場でつくり始められた思考体系であった．

　しかし化学は，物理学のように，前提条件が決まったら結果は1つに帰結するというわけではない．同じ反応のはずなのに結果がいろいろ異なってくる．これは，前提条件を決める項目が非常に多く，現実的に不連続にはなっていない，すなわちすべての事象が日常生活のサイズで事実上連続的になっていることによる．そうすると自然と，化学はあいまいで偶然的な経験と知識の積み重なったものというように受け取られてしまう．ところが分子，原子あるいはそれを構成しているさらに小さい単位まで分け入れば，そこは明らかに不連続で独立の世界である．不連続でまったく同一の状態ではないが似たような状態にある単位が膨大な量集まって集団をつくっており，それは統計的な考え方を導入して扱う方が適切である，と姿勢を修正することが学習途中で求められる．こうなると，あいまいさを逆手に取って，あいまいな現実の世界で起きていることを合理的に論理だててとらえられるのが化学だと肯定的に訴えたくなる気持ちもわいてくる．

■ 化学と他の理科の科目の違い

　化学は理科の1つの分野ということは，若干の仕切り位置の違いはあるだろうが大筋納得してもらえるだろう．高校でいうと，物理，化学，生物，地学の4科目で，日本では小学校の頃からだいたいこの4分類が基本となっている．

　小学生のときには「理科好き」なのに学年が進むにつれて理科が嫌いになっていく，そんな話をよく耳にする．しかし，理科とひとくくりにしても中身はずいぶん違う．科目によって勉強の仕方も違うし，いろいろな学習対象に向き合うときの準備状況も違う．極端にいえば，特段の準備勉強による積み上げがなくても，すぐ研究できる学習対象を扱う理科もある．それに対して，日常生活とは切り離された，仮想的な世界や無理やりつくった非日常的な状況でのモノのふるまいを学習対象として扱う「理科」がある．学習の対象の視点でこの2つを区別すると，前者が博物学，後者が理化学といえるだろう．実際にはそれほどはっきり

と区別されているわけではないが，博物館と科学館という名称が別々にあるくらいだ．蘭学はおもに博物学，錬金術は理化学ベースの技術といってもよいかもしれない．このように博物学と理化学の観点で「理科」を見直すと，小学校で勉強しはじめた理科は「博物学」であろう．植物や動物の形態に基づく分類は博物学によるものだし，岩石や地層も博物学に分類される．

■ **化学の方法論**

しかし理化学と博物学の区別は，生物の学習体系の変化により違った様相となっている．少し前まで，というか1950年代前半までは，生物学は博物学的色彩が圧倒的に強かった．また，物理学，化学，生物学の境として，「物質の変化の有無」と「生命の有無」が設定されていて，物理学の上に化学が，化学の上に生物学が，というふうに，比較的単純に関係づけられていた．すなわち，生物学の「物質集合の周期的な変化があって自発的に生をつなげる個体」と，「物理学と化学が物理科学」と位置づけられていた．

それに対して現在の生物学は生物の営みを物質の働きの観点から追跡する生物学と，生物の個体およびその集団の視点からの整理を扱う生物学とに大きく分けて考えられるだろう．20世紀の半ばにDNAとRNAの発見があり，それ以前の生化学・生物化学とは大きく異なる化学と生命との関わり方になり，高校の生物学は発見の半世紀後，内容を大きく変えることとなった．生物個体の維持機能とその変遷に関わる分子の働きとともに生物個体が次の世代に種の特徴を伝達する働きが分子のふるまいとして解明されてきて，遺伝情報の解析や操作が技術化されて応用展開が実際に行われることに合わせた教育に置き換わったといえよう．

一方，初等教育においてはそのような化学の理解を基盤とする教育が無理なのは明白で，当然生態学・分類学の学習が出発点となる．また，具体的に対象がはっきりしているものを最初に扱い，抽象的な概念の習得が要求される学習は年齢が進んでからはじまることも自然であろう．そういった状況で，化学，そして生物と順をおって学ぶべき授業が高校では並行して進むことになる．

物理，化学，生物，地学の高校理科4科目の体制は80年余りの間変わっていないが，20世紀の後半から現在まで，それらの学問領域と実社会の関係はどう変遷してきただろうか．物理学についての基本的な原理というものはそんなに大きな変化はない．応用・実用の点では深化し，量的な拡大も著しい．とくに物性学の実用化の拡張は大きい．地学も観測や測定面の支援技術の発展は大きいものの，根本原理は変わったというわけではない．人間の活動範囲の拡大に伴う応用

面の拡張は大きく，さらに人工的な要因も影響していると推定される環境変動，自然災害など生活との関わりは変わってきているが，こちらも地学の根本的な原理の本質が変わったわけではない．それに対して化学や生物学はそのパラダイム[*1] そのものも，対象とする範囲も大きく変化している．

■化学の役割の変化と外からの見え方

化学は，生命との関わり，医薬品，材料化学，計算機化学の分野への拡張がとくに顕著である．ポリマーと創薬，分析機器の進歩，物質の種類の増大に加え，環境との関わりも大きくパラダイムが変わった．生物学は先述の通りである．このような状況ではあるが日本の化学の教育体系はここ80年余り変わっていない．おそらく，オストワルドの『化学の学校』が書かれた時代の化学教育体系に基づいて指導要領が作成されてから10年ごとに指導要領改定があるものの最少限にしか項目の追加・削除をくり返してきていないためで，ここ80年余りの世界の化学の状況の変化を取り入れたものとはいいがたい．結果として暗記科目となってしまっている．

多くの高校生も漠然とは感じていると思うが，物理や数学は解答がすっきりと出るという印象はあるだろう．一方，化学は答えが1つに定まらない「科学もどき」で，あいまいさが大きくてとっつきにくい，考えても答えが出るわけではない，ただ現実を後追いしているだけである，という印象であろう．すなわち，「物理の演繹性，化学の帰納性」がかなり固定化されていると思われる．

しかし，化学の授業においても，化学のここ1世紀くらいの積み重ねをうまく説明できれば，複雑な実社会を，原子レベル，分子レベルですっきりと理解できるということを分かるようになるはずである．数学や物理が好きという生徒が，このように認識を改めてくれると化学の印象はより大きく変わるだろう．

そのためには，解析と統合，つまり物質の反応のレベルを，化学としての最小サイズの見方と現実に手で触ったり見たりする現実サイズの間にあるものと位置づけ，努めて両方の視点で学ぶことを丁寧に実行することが有効だろうと思われる．物体と物質，材料と物質，こういうあいまいな違いを丁寧に解きほぐしてい

[*1] パラダイムとは20世紀にトマス・クーンによって提唱された概念である．簡単にいうならば「普遍的なものとして受け入れられている理論や知識」のことである．コペルニクスが地動説を提唱し定着するまで当たり前のように受け入れられていた天動説がまさにパラダイムであり，その後取って代わられた地動説もまたパラダイムであるといえる．なお，このようにパラダイムが変わることをパラダイム・シフトという．

くことで,「考える」科学としてイメージを一新できると思う.

■ 化学に対する認識はどうすれば変わるか

　このような視点から,現行の化学の教育内容と物理のように考えることですっきりと理解できる科学との違いをどう埋めるか,と向き合う姿勢で国際化学オリンピックに備える,あるいは利用して日本の教育を補強する,ということを考えてみよう.まず,生徒の「もどかしさ」に対応して,図B.1にあるように3つの補うべき項目と,5つの学習項目を抽出してみた.そして,それを「入門編」と「準備編」に分けて各項目に対して段階的に追加の学習項目を提供したのが3章である.

　ただし,その整理はB.1.2項以降にし,次のことをもう一度確認しておきたい.理科好きな高校生は数学を適切に使いこなせることが比較的多い.分析化学の濃度計算,とくに多段階の平衡をふまえた各成分の濃度計算ができ,反応速度

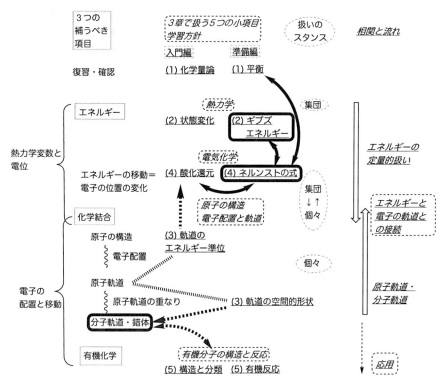

図 B.1 「3つの補うべき項目」と「3章で扱う5つの小項目と学習内容」の相関

や半減期の微積分の計算ができるようであれば，化学の世界に誘うことは本人にとっても有益なことが多いはずである．実験大好きの化学オタクの生徒であれば，当然国際化学オリンピックを目指す有資格者であるが，物理に目が行っている理科好き生徒にも，化学に対する固定観念をちょっとだけ横に置いて虚心坦懐，ぜひ化学の実際を眺め直してもらいたい．実社会と密接に関係する化学の世界ではあるが，それは錬金術が洗練化されて物質科学・物質哲学への道を確実に歩んだことで成り立って大きな広がりをもつ学問となっている．これは多くの先達の努力の結果以外の何物でもない．生体内の所作や，世界の化学品の生産やエネルギー変換のように，必要不可欠ではあるがやはり複雑に見えることも，すっきりとした理解体験ができるような形で統合化されてきている．このような化学の学術的な変身は，まさに「理系秀才にやさしい」方向への変化である．

将来，純粋物理学で世界の指導原理を追究したい生徒にも，医学・薬学，生物学・農学，生産工学・システム工学分野，さらに行政や経済活動の担い手として，より現実的な解を追求していくようになりたい生徒にも有益な科目であるという，ちょっと見逃されている事実を再認識して，一度立ち止まって考えてほしいというのが心底からの希望である．

◆ B.1.2 第3章で扱う5つの小項目の学習方針

これまでに，国際化学オリンピックの「シラバス」や実際に出題されてきた理論問題や実験課題の内容と，日本の中等教育課程での理科・科学教育内容との差をふまえ，「エネルギー」「化学結合」「有機化学」について補うことで世界水準の教育内容に近づこうという戦略を述べてきた．

この「補うこと」を具体的に実行して「世界水準の化学教育」を達成するための戦術としては，B.1.1項で述べたように5つの「小項目」を準備し，それぞれの「小項目」について目的を明確にして学習することを考えて形にしたのが3章である．「小項目」を「入門編」と「準備編」に分け，全部で10個に細分化した学習内容のまとまりになっている．ただし，各項目は「入門編」から「準備編」への接続が高度化する場合だけでなく，発想の転換が必要な場合もある．本項ではその「ひとまとまりの学習単位（学習単位）」のセットを提案する．ここで「学習単位」は，数時間程度を要するものを想定している．シラバスと日本の学習内容との間には乖離があるため，各学習単位の学び方には違いが出ている．学

習単位の中には日本の高等学校で学んでいる考え方の基本についてはそのまま「内容の高度化」を目指して高精度化，定量化を行う方法での学習となるものもあれば，「抜本的な視点の変更」をする必要があるものもある．さらに補いの学習が進んだ段階で，これまでとは別の「化学の各分野のつながり方」が浮かんできて，「化学の全体像」がみえてくるようになることが肝要だろう．それに加えて，日本の高校の学習内容や学習単位で学んだことを絡み合わせて，「化学」としての筋の通った流れを把握するための学習単位も重要な意味をもつ．以上の営みは，不連続なものの集合のようにみえる知識の群れを覚えてたくわえる進め方から，それらを結びつける流れをつかみ，考えて類推判断できる力の養成への転換である．以下で個別に説明していこう．読みながら図B.1も適宜見てほしい．

「熱力学」は高校での学習に対して「内容の高度化」が求められる．基本的な熱力学変数のエントロピーの学習を導入し，それにより可能になった万能のエネルギー関数，ギブズエネルギーの意味合いの理解や初歩的な利用が，入門編から準備編までの「補い」の中間到達点である．高精度化，定量化が主たる方針となるのは「酸化還元」「軌道のエネルギー準位」である．

新しく異なった概念をもちこんで学習する必要があるのは「原子軌道の重なり」をしっかり理解する上で必要な「軌道の空間的形状」と「原子軌道の重なり・分子軌道」である．ここでは厳密な定量的扱いまでを目指すのではなく，まず概念の定性的な理解と，それに基づいた説明を理解できるようにすることが狙いだ．

そして「電気化学」の学習単位において，ギブズエネルギーを起電力と平衡に定量的に結びつけることを学習する．なお，「平衡」を考える上で必要な濃度の計算の数値的扱いは，日本の教育課程が十分に高いレベルであるため「補い」は不要と考えている．

これらの化学の探求においてミクロな扱いとマクロな扱いの切り替えも必要になる．物質の単位粒子個々の単位で考えるか，それらの集団のふるまいで考えるかということである．

以上の補いの学習を通して，補うべき3項目のうち2つ，「エネルギー」と「化学結合」が化学の流れの中できれいに相関づけられることになる．この点で高校の化学内容の「ギブズエネルギー」へと向かう熱力学の高度化と化学結合の「電子の軌道」への原子内の電子の配置の考え方の切り替えは重要な意味をもつ．

「有機化学」については，原子の構造を原子軌道の形状でとらえる考え方を土

台にして，分子軌道の相互作用と結合の生成・切断を考えることの基本をまず学ぶのが妥当だと思われる．無機化学で学ぶ原子の一般的な構造を有機化学においても応用することができ，対象とする化合物を世界の中等教育で一般的に使われているように，おもに生活で見かけることの多いものに置き換え，それらの反応を有機物質の基本的な反応として解析的に把握できるようになるのがよいだろう．

B.2 5つの項目の具体的な学習方法

前節において，国際化学オリンピックを1つの指標として，高校化学の国際化をはかり，高校化学の学習内容を再構築していくことを提案した．これは，単に国際標準に近づけることを目的とするだけでなく，発展的な学習をきっかけにして，化学を，ただ覚えるだけの科目から考える（学術的な）科目に転換することを狙ったものである．以下，前節でとりあげた5項目について，発展的な学習の内容を具体的に提案する．

B.2.1 エネルギー（熱力学）

「考える科目」を目指すとき，熱力学の領域においては，まずエンタルピー，エントロピーとギブズエネルギーの概念を導入して，反応が自発的に進むときにその駆動力は何なのか，可逆な反応が自発的に進む向きは何によって決まるのかを学ぶことが必要である．そこで，新たな学習内容として，以下を提案したい．

■反応熱とエンタルピー

エンタルピーの概念を導入し，反応熱が反応系のエンタルピー変化に対応していることを学ぶ．エンタルピーが，その系のもつエネルギーの一部分であることを理解させ，エンタルピーの増減と発熱・吸熱の関係を正しく理解させる（エンタルピーについての詳細は，3.2.2項（熱と化学反応, p.40）を参照）．

ここではとくに，エンタルピーを使った反応熱の表記法を習得することが大切である．例えば，メタンの燃焼反応については

$$CH_4(g) + 2O_2(g) \longrightarrow CO_2(g) + 2H_2O(l) \quad \Delta H° = -891 \text{ kJ} \quad (B.1)$$

のように表す．これが国際標準なので，大学に進学するとただちに，いわゆる熱化学方程式の方式からエンタルピーを使う方式に切り替えることが要求される．

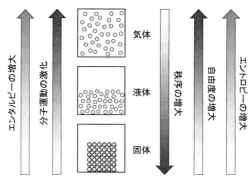

図 B.2　物質の三態とエントロピー

エネルギーの概念を正しく理解するためには，高校段階でこの表記法を導入しておいた方がよいと思われる．

■ **物質の状態とエントロピー**

　エントロピーの概念を導入し，固体，液体，気体という物質の三態のエントロピーの比較を通じて，エントロピーの概念の定着をはかる．エントロピーを秩序性，あるいは自由度と関連づけ，まず物質の状態の違い（固体か液体か気体か）によってエントロピーが大きく違うことを理解させる．とくに気体が大きなエントロピーをもつことを理解させる．図 B.2 のようなイメージをもつことが大切である．

■ **エントロピーの変化**

　前項に引き続いてエントロピーの概念の定着をはかるために，気体の膨張や 2 成分系の混合に伴うエントロピーの増大について学ぶ．気体の膨張に伴うエントロピーが増大するのは，気体分子が自由に動きまわれる空間の体積が増加し，自由度が増加するためである．2 種類の気体を等圧で混合したときにエントロピーが増大するのも，やはり気体分子が自由に動きまわれる空間の体積が増加することによる．

　溶液についても，多数の溶媒分子の中に分散した溶質分子を想像して，気体分子との類推で考えていけばよいだろう．

■ **熱力学第二法則**

　熱力学第二法則によると，自発的な変化は，宇宙全体のエントロピーが増加する方向にのみ，自発的に進むとされている．例えば宇宙全体は，系（反応系な

ど，今注目している部分）と外界を合わせた全体であるから，熱力学第二法則は

$$\Delta S_{宇宙} = \Delta S_{系} + \Delta S_{外界} \geq 0 \tag{B.2}$$

と表すことができる．

■ギブズエネルギーと反応の自発性

熱力学第二法則で理解しにくいのは，外界のエントロピーである．そこで，自発的な変化の向きの判別を行う際に，外界のことを考えずに済み，系についてだけ考えればよいように導入されたのが，ギブズエネルギーである．ギブズ自由エネルギーとか，単に自由エネルギーとよばれることもあるが，IUPACの勧告では，ギブズエネルギーが正式名称である．

ギブズエネルギーの定義は

$$G = H - TS \tag{B.3}$$
$$\Delta G = \Delta H - T\Delta S \tag{B.4}$$

となり，熱力学第二法則をギブズエネルギーを使って表すと次のようになる．

$$\Delta G \leq 0 \tag{B.5}$$

すなわち，反応はギブズエネルギーが減少する向き（$\Delta G < 0$ の向き）に進むのである．

ここで $\Delta G = \Delta H - T\Delta S$ であるから，ΔH と ΔS の2つの因子のバランスが，反応の進む向きを決めていることが分かる．典型的な例を用いて具体的に考えてみよう．まず，硝酸アンモニウムの水への溶解においては $\Delta H° > 0$ であるが（$\Delta H° = 28.1$ kJ mol^{-1}），$\Delta S° > 0$ であり，またその値が大きいために（$\Delta S° = 108.7$ J K^{-1} mol^{-1}），$\Delta G° = \Delta H° - T\Delta S° < 0$ となって，自発的に溶解が進行する．一方，酸化銀の分解反応：$2Ag_2O \longrightarrow 4Ag + O_2$ では，$\Delta H° > 0$，$\Delta S° > 0$ で（$\Delta H° = 62.2$ kJ mol^{-1}，$\Delta S° = 132.9$ J K^{-1} mol^{-1}），室温では反応は進行しないが，468℃以上の高温にすると $\Delta G° < 0$ となって分解反応が進行する．これらの反応では，いずれもエントロピーの増大が反応の駆動力になっていることがわかる．

表B.1は，$\Delta H°$ と $\Delta S°$ の符号のさまざまな組合せに対して，どのような温度条

表B.1 $\Delta H°$，$\Delta S°$ の符号と自発変化の方向の関係

反応のタイプ	$\Delta H°$	$\Delta S°$	$\Delta G°$	自発変化
発熱，エントロピー増大	−	+	−	温度によらず起こる
発熱，エントロピー減少	−	−	−/+	低温で起こる
吸熱，エントロピー増大	+	+	−/+	高温で起こる
吸熱，エントロピー減少	+	−	+	温度によらず起こらない

件で反応が自発的に進むかをまとめたものである．

このようにエンタルピーとエントロピーという概念を導入することによって，反応がなぜ進むのか，あるいは反応性の違いが何に基づくのかなどについて，一歩ふみこんだ考察が可能になる．

■ ギブズエネルギーと平衡定数

化学平衡を定量的に扱う際に用いる平衡定数 K が，反応に伴うギブズエネルギー変化 $\Delta G°$（標準反応ギブズエネルギー）と関連づけられることを学び，化学平衡についての熱力学的な理解を深める．可逆な反応系における反応の進行とギブズエネルギーの変化の間には，図 B.3 のような関係がある．反応途中の各点においては，ギブズエネルギーの減少する方向（図中の矢印の方向）に反応が進み，ギブズエ

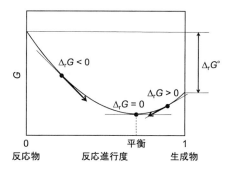

図 B.3 可逆な反応系における反応の進行とギブズエネルギーの変化の関係

ネルギーの最小値を与える点で反応が止まる．この点が平衡点である．

平衡定数 K と標準反応ギブズエネルギー $\Delta G°$ との間には，次式の関係がある．

$$\Delta G° = -RT \ln K \tag{B.6}$$

そして，この式によって平衡定数の値が決まれば，平衡点における反応系の組成を求めることができる．

これらのことから，$\Delta G°$ の値が，あるいはその要素になっている $\Delta H°$ と $\Delta S°$ の値が平衡の位置を決めていること，そして $\Delta G°$ の温度依存性（$\Delta G = \Delta H - T\Delta S$）によって平衡定数の温度依存性が生じ，温度による平衡のシフトが起こること（ルシャトリエの原理）などを統一的に理解することができる．

国際化学オリンピックの準備問題の中には，エンタルピー，エントロピーとギブズエネルギーの概念の定着を図る意図で出題された次のような問題がある．この程度の問題が解けるようになることを，当面の達成目標としてもよいのではないだろうか．

> **実際の問題**

第38回韓国大会　準備問題　問題10　エンタルピー，エントロピーおよび安定性

　生物系および非生物系におけるすべての化学変化は，熱力学の法則に従う．ある与えられた反応の平衡定数 K_{eq} は，エンタルピー変化 ΔH，エントロピー変化 ΔS，および温度によって決まるギブズエネルギー変化 ΔG の別の表現ということができる．

10-1　a～f について当てはまるものを次の4つからすべて選び，（　）内に書き入れよ．

　　　　　K_{eq},　ΔH,　ΔS,　ΔG

　a.　温度依存性が高いもの（　）
　b.　結合の強さと密接に関係するもの（　）
　c.　乱雑さの変化の尺度（　）
　d.　反応物と生成物の量に関係するもの（　）
　e.　反応の自発性の尺度（　）
　f.　熱の吸収あるいは放出の尺度（　）

答えは次の通りである．
　a. K_{eq} と ΔG,　　b. ΔH,　　c. ΔS,　　d. K_{eq},　　e. ΔG,　　f. ΔH

　気相中におけるドナー分子 D とホウ素化合物 BX_3 からなる分子付加化合物の解離では，以下の平衡が成り立つ．ここで，K_p は圧平衡定数で，p_X は物質 X の分圧を表す．

　　　　$D \cdot BX_3(g) \rightleftharpoons D(g) + BX_3(g)$　　　$K_p = p_D p_{BX_3}/p_{D \cdot BX_3}$

10-2　100℃における分子付加化合物 $Me_3N \cdot BMe_3$ と $Me_3P \cdot BMe_3$ の解離定数（K_p）はそれぞれ 0.472 と 0.128 atm である．100℃における両化合物の解離の標準ギブズエネルギー変化を計算せよ．また，この温度ではどちらの化合物がより安定か答えよ．

　$\Delta G° = -RT \ln K$ を使って計算すると，$Me_3N \cdot BMe_3$ については 0.56 kJ mol^{-1}，$Me_3P \cdot BMe_3$ については 1.52 kJ mol^{-1} となる．したがって，$Me_3P \cdot BMe_3$

の方がより安定である．

B.2.2　化学結合

　現在の高校化学でも，反応熱に関する単元の中で結合エネルギーが登場するが，現行の教科書の記述だけでは，結合エネルギーの大きさが何によって決まるのか，あるいは，なぜ結合の種類によって結合エネルギーの大きさが異なるのか，十分に理解することができるとは思えない．また，有機化学反応では結合の切断と生成が起きるが，なぜその結合が切れるのか，なぜそこに新しい結合が生成するのか，などの疑問に答えるための知識は，まったく与えられていないので，ひたすら事実を覚えるだけになってしまう．

　このような問題点を解消するために，新たな学習内容として以下を提案したい．

■電子軌道の種類と原子の電子配置

　まず前提として，電子軌道の種類と原子の電子配置について学んでおく必要がある．少なくとも，s軌道とp軌道の形と広がりについての知識は必要である．

■共有結合の生成と共有結合分子における電子の分布

　2つの原子が次第に近づいていくと，互いの電子軌道に重なりが生じ，重なった部分の電子と原子核の間に引力が働くことによって，系のエネルギーの低下が生じる．系のエネルギーが最小になる位置で止まり，安定な分子が生成する（図B.4）．このとき，軌道の重なりによる結合生成への寄与を見積もるには，実際

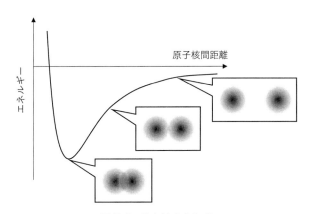

図 B.4　共有結合の生成
原子核間距離の違いによる電子軌道の重なりとエネルギーの変化．

表 B.2　等核二原子分子の結合距離と結合エネルギー

分子	結合距離（nm）	結合エネルギー（kJ mol^{-1}）
H_2	0.0741	436
N_2	0.1094	946
O_2	0.1207	498
F_2	0.1435	158

のところ，原子の最外殻電子が入っている軌道を考えれば十分であり，それは，2s 軌道や 3s 軌道であったり，2p 軌道や 3d 軌道であったりする．

このように割り切って考えれば，電子軌道のイメージを取り入れながら，量子力学は使わずに，定性的・直感的に共有結合の生成を理解することができる．

■ **結合の多重性**

二重結合や三重結合が p 軌道の π（パイ）結合によって生成することを学び，二重結合や三重結合における電子の空間的な広がりについて，視覚的に理解する．このことは，有機化学領域で学ぶ多重結合の反応性の理解に必須である．

■ **結合距離と安定性**

表 B.2 のようなデータをもとに，さまざまな共有結合の結合エネルギーや結合距離を比較して，その違いの原因について考察する．結合の種類によって，結合の生成に主として関わる電子軌道の種類が異なり，もっとも大きな安定化エネルギーが得られる原子間距離が異なることを理解する．このようなテーマについては，さまざまな角度からの考察が可能であり，考える科目としての化学のための格好の題材となる．

なお，この議論の延長として，窒素が例外的に安定な分子であることや，そのことの地球環境への影響などについても学ぶことができる．

■ **結合の極性**

異核二原子分子（互いに異なる元素の 2 つの原子が共有結合してできた分子）においては結合電子の分布がかたより，極性分子となる（図 B.5）．この結合電子の分布のかたよりを元素の属性とみなして数値化したものが電気陰性度である．等核二

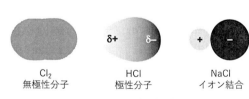

図 B.5　結合の極性

ここに示す NaCl は気体の分子である．固体の NaCl においては，多数のイオンとイオンが交互に並んで結晶構造を形づくっている．

原子分子（同じ元素の2つの原子が共有結合してできた分子）においては，結合電子の分布にかたよりはなく分子に極性はないが，異核二原子分子における結合電子の分布のかたよりの程度は，構成元素の組み合わせによってさまざまである．極性分子となる結合電子の分布のかたよりが非常に大きくなると，実質的には片方の原子に電子が集中しているようにみえる．これは，イオン結合といわれる状態である．

■分子の形

原子価殻電子対反発理論（VSEPR）による分子の形の見積もり方を学習する．VSEPRは，ルイス構造式[*2)]さえ描くことができれば使うことができるので，初心者にとって取り組みやすく，かつ強力で有用な指導原理である．

さらに，分子の極性は，個々の結合の極性だけでなく，分子全体の形にも依存することを学ぶ．水やアンモニア，あるいは二酸化炭素などの身近な分子を例にとって，具体的に学ぶのがよい．

■共鳴安定化と電子の非局在化

共鳴構造[*3)]と共鳴安定化は，有機化学のスムーズな理解には欠かせないといえよう．共鳴安定化の典型的な例として，ベンゼンのπ電子[*4)]の非局在化[*5)]による安定化がある．ベンゼンの構造式には3つの二重結合が存在するが，ベンゼンのエネルギーは，二重結合を3つもつ仮想的な分子であるシクロヘキサトリエンよりはるかに低い（図B.6）．これは，ベンゼンの二重結合のπ電子は，特定の2つの炭素原子間に止まっているのではなく，六角形の環全体に広がっているからである．すべてのとなり合う炭素原子間にπ電子があることを，2つの共鳴構造を使って示している．また，非局在化したπ電子の空間的な広がりについても，具体的な空間像をもちたい．

■分子の振動

図B.4の内容を少し拡張して考えることで，分子が振動することを理解しよう．分子振動は，地球温暖化における二酸化炭素の役割について学ぶ際にも不可

[*2)] 価電子（最外殻電子）を点（·）で表し，元素記号のまわりに配置して共有電子対と非共有電子対を表した化学構造式．電子式や点電子式ともよばれる．
[*3)] 1つの化学構造式で表せない分子内の電子分布の状態を，2つ以上の構造式の重ね合わせとして表す方法．このとき用いられる個々の構造を共鳴構造といい，それらの重ね合わせによって表されるときこれらを共鳴混成体という．
[*4)] 二重結合の2本目の結合であるπ結合において，共有されている電子対．
[*5)] ある特定の結合に束縛されているのではなく，複数の結合にまたがって存在していること．

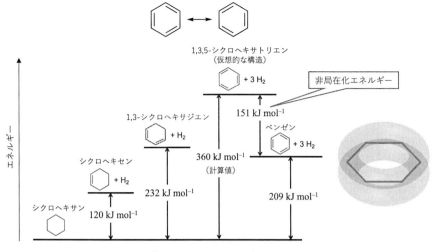

図 B.6 ベンゼンのπ電子の非局在化とそれによる安定化

欠の概念であり，それを理解するための枠組みを準備することは重要であると思われる．

■ **光の吸収と光化学反応**

　光の吸収や光化学反応の機構が理解できると，オゾン層の生成と破壊や植物の光合成，あるいは光触媒など，社会の課題に関わるテーマへの発展的理解が可能になるが，光の吸収や光化学反応の機構を理解するためには，分子軌道法の概念[*6]が必要となる．とくに反結合性軌道[*7]の関与を考慮する必要があるので，量子化学の考え方が必要になる．

　また，後（B.2.5 項（有機化学 p.136））に述べるように，有機化学において反

[*6] 分子中の電子の分布やエネルギーを求める際に，電子が，原子間の共有電子や非共有電子としてのみ存在するのではなく，原子核や他の電子の影響を受けながら分子全体を動きまわるものとして考える計算方法．

[*7] 分子軌道を厳密に計算することはできないので，さまざまな近似法を用いるが，その中でも比較的直感的に理解しやすい近似法として，LCAO 法（原子軌道の線型結合法）がある．LCAO 法では，分子内の原子の電子軌道（原子軌道）をある比率で足し合わせたもので分子軌道を近似するが，その分子軌道は，結合性軌道，反結合性軌道と非結合性軌道に分類される．結合性軌道は原子間の電子密度が高く，原子間の結合を強めるような軌道であるが，反結合性軌道は逆に原子間の電子密度が低く，原子間の結合を弱めるような軌道である．非結合性軌道は，原子間の結合に関わらない独立の軌道である．電子励起状態（光によって分子内の電子が励起された状態）においては，励起された電子は反結合性軌道に存在する場合が多い．

応の機構を理解する際にも，分子軌道法の概念が必要となる．また，次項で述べるような金属などの固体中の電子を考えるときには，電子のエネルギー準位というものを考える必要があるが，この場合も，二原子分子の分子軌道からはじめて次第に原子数を増やしていき，多数の原子が結合した極限のモデルにたどりつかなければならない．

このようなことから，定性的な分子軌道法の導入が妥当と考える．

◆ B.2.3　無機化学

ここから無機化学の具体的な項目の概要を記す．高校の教科書に記載されている項目とその流れを学んでいることを前提に，無機化学分野，電気化学分野を物理化学分野と絡めてみてみようという姿勢での記述である．

補う学習内容の視点で述べる無機化学については，日本の高校の化学教育とは異なったアプローチになる．無機化学というと個別の知識の集積体のさいたるものというイメージもある．しかしそれではまさにきりがない．やはり統一的な考え方，見方というものがあって，インプットされた情報が神経網をつくるように絡み合っていくのが望ましい姿である．その考え方，すなわち指導的な考え方として「電子の分布と移動」を据えつけようというのが本節の狙いである．

このような流れの中で，ここでは原子内の電子の存在状態について，実空間的な分布状態に基づいて考察することをはじめる．そのために，まず思考を進めるのに必要と思われる項目，例えば化学と物理の境界や化学における電子の役割と位置づけなどをいくつか確認しておく．また以下では，物理化学で扱うエネルギーについて，最初に熱力学の視点で，そして化学結合の物理化学的視点で，どのような方向で学ぶかについて述べる．さらに電気化学についてどのように，そして何と絡めて学んでいくかについて提案する．

この時点で目的の達成のために，まず，本節前半の無機化学と物理化学のとくに熱力学と電気化学について，それぞれの視点の相違点と対象の共通性を整理しておく．それをふまえて，どのような点を重視して補い学習を進めるべきかを提案する．そして，物理化学と無機化学を統合した視点をつくり上げられるよう述べていく．そして，本項の最後の部分で有機化学分野の実践的な学習の仕方についてふれることとする．

■ 最初に確認しておくべきことがら

● 物質の構成単位1つ1つのふるまいに注目するのか，その集団のふるまいに注目するのか

　熱力学では膨大な数の物質の構成単位（粒子）の集団を対象にしている．その集団とは「統計的集団」として扱える程度の大きさの集団であることを前提としている．このように扱える集団の分布としてはマクスウェル分布，ボルツマン分布などが挙げられる．一方，無機化学では，物質の構成単位である粒子のさらにその構成単位である「原子」1つ1つのふるまいを対象にしている．

　したがって，それぞれの視点のサイズはかなり異なる．熱力学はマクロ的，無機化学はミクロ的といってよいだろう．少なくともここではそのように扱う．

　このように，かなり違ったスタンスの「化学」である．とくに熱力学，少し広くとって物理化学は「物理学」あるいは「物理」とかなり重なっている．そこで，「化学」と「物理」を区別するもの，あるいはその「境界」を考え直してみよう．

● 化学と物理の違い

　化学と物理は高校の理科4科目のうちの2つである．1970年代までは，残りの2科目，すなわち生物学と地学と学習姿勢がかなり異なっていて，この2つは「博物学」的で，化学や物理は「理化学」的であるとされていた．直接観測を中心に任意の場所から学習をはじめられる博物学に対して，原理から積み上げる学習を求められ，抽象的なモデルに基づいたり，人工的な物質の状況をつくり出して指導原理を探索したり，状況変化を予測する術を求めたりするのが理化学である．また，生物科学と区別する物理科学というくくりもあって，そこに物理と化学が含まれている．しかしこの半世紀で，生物と化学に「相互侵入」が進んだ．

　このような理科4科目の中の内容の変化はあるが，「化学」と「物理学」の違いを考えることは有意義なはずである．

　「化学」という言葉を聞いたときに連想することは，「物質が変化する」ということであることは多くの人は同意できるだろう．では，「化学」でいうところの「物質が変化する」とはどういうことなのか具体的に考えてみよう．

　例えば，氷の塊をのこぎりで切断してより小さな塊とする場合，切断面付近の変化はともかく，全体としては化学の視点から範囲内であるとはいいがたいだろう．氷の塊という物体が割れて「より小さな氷の塊」になって水の固体という氷の大きさが変わっただけで，密度とか融解温度とか，「物質」特有の「性質」が

違うようになったわけではない（図 B.7）．これは物体の破断で物理現象である．物理学の範疇だ．

一方，水の電気分解で H_2O が H_2 と O_2 になる挙動は化学現象である．違った物質が誕生している点で化学の範疇である．

$$2H_2O \longrightarrow 2H_2 + O_2$$

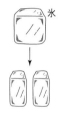

図 B.7 氷が 2 つに割れる

それでは，氷が融解して液体の水になる場合や水が気体の水蒸気になる場合はどうだろうか．これは微妙だ．とりあえず水が水蒸気になる場合を考えてみよう．

液体の水も気体の水蒸気も H_2O という分子が単位となっていることは分かってもらえるだろう．水の場合は H_2O という分子が密着して押し合いへし合いしている状態である．水蒸気になると密度は水と比べて 1/1250 くらいになる（0℃，1 気圧）．つまり気体と液体では分子どうしの関わり合い方が大きく異なる．

氷の融解と水の凝固に関わる，水（液体）と水（固体＝氷）では，少なくとも構成原子の元素の割合は水素 2 と酸素 1 で変わらないし，密度もあまり変わらないので，原子のつまり具合はほとんど同じようだ．しかし，流動性はかなり違うため，原子と原子の関わり方は違っていそうだ．固体と液体との間の変化，すなわち状態変化で不連続に変わっているようだということも分かる．

この関わり方を，原子間の相互作用という言葉で表す．相互作用とは関わる原子などの集団の安定化や不安定化のエネルギー差で評価するが，強弱・大小・粗密で区分されたり，空間的な原子配置やその他物理的性質のずれで示されることもある．

三態変化に拡張してみると，3 つの状態の間で，相互作用は大きく変わっている．物質構成要素粒子が強く相互作用して原子の空間中の位置が固定されている固体，固体と同程度に密に分子が凝集しているのだが相互作用による安定化が小さく流動性がある凝集物の液体，ほとんど相互作用がない気体，となる．

物質の三態変化は化学の領域で物理化学に入る．同時に「物理学」も「自分の範囲」と主張する．この辺りが境界領域と考えてよいだろう．

■ **化学と物理の境界から化学一般の話へ**

● **相互作用の主体は電子**

ところで物質の相互作用はどのように考えればよいのだろうか．ここで物質は

原子に置き換えることができる．原子が原子核と電子で構成されていること，原子核が陽子と中性子が集中した構造でここに正電荷が局在していて，その外側の空間に電子がいることは無条件に認めてもらう．原子と原子の間の相互作用は外側に位置している電子が主人公になって発生していることになる．

さて，相互作用の本体は電磁気力である．原子核の支配下にある電子は別の原子核との間で引力を受け，一方で同じ原子核の支配下にある電子やそれ以外の原子核の支配下にある電子との間では斥力（せきりょく）を受ける．そういう電磁気力の複雑な組み合わせによって安定化されているときは凝集状態を保ち，不安定化されているとそうした複雑な相互作用を解消するように原子間の空間的隔たりが大きくなって，関与する原子間の位置関係が変化することになる．

● 化学と物理を分けるもの

結論から述べると化学というものは原子に束縛された電子の存在場所の変化に関わる学問である．原子のもっている電子を放出したり，受け取ったりすることは化学が扱う範囲である．また，原子と原子の間の相互作用が不連続的に変わることも化学が扱う範囲である．この基準から，融解や蒸発は化学的な過程なのである．そうすると化学的な過程では原子核は不変の前提のもと，電子の存在状態が変化していることが分かる．これが化学の範囲でこれ以外のモノの変化，原子核が変わる場合や原子間の相互作用が変わらないまま起こる変化は，物理の扱う範囲ということになる．

このように，化学の世界とは「元素は変わらない＝原子核は変わらない」範囲内の世界で，原子核のまわりの電子の存在の仕方がどのように変わるかを見ることを生業としているという一面をもつものと整理できる．

■ 化学一般の話から無機化学の具体的な話へ

● 原子核ごとの特徴を知ることのメリット

ここまでに述べたように，「元素は変わらない＝原子核は変わらない」範囲で物質のふるまいを扱うのが化学の特徴の1つだから，扱う元素それぞれの特徴が分かることが望ましいことは明らかである．したがって，元素の各論が重要である．無機化学はこの元素各論を担当する分野である．

一方，たくさんの元素の特徴をすべて覚えるということには抵抗も多いだろうし，現実的ではない．そこで重要な意味合いをもつものが周期表である．元素の情報，とくに各元素の原子がもつ電子の存在場所情報から，元素の化学的ふるまいを予想できるように，周期表を読み取る力をつけることが有効な学習法と考え

られる．電子を頼りに，物質の構造と物質内の電子の移動を応用が効く形で身につけるようにしたい，というのが現在の無機化学の導入的学習方法である．

● 電子を頼りにした「物質の構造」の学習

3.2節（入門編―化学未修者が学ぶミニマム―，p.30）では現行の高校課程で身につける「構造の定性的把握」をふまえて「定量的な把握への質的向上」を目指すための補足を行う．それを通して，物質＝原子の構造の模式的理解から実空間的理解ができるようにする．そのために，電子の配置について「殻」の概念を4つの量子数と原子軌道を用いる理解へと移植することを試みる．

さらに準備編では原子軌道の空間的な広がりに基づく結合の形成についてより整合性のある理解を目指す．これは，2巻で扱う錯体（2巻2.4節（錯体））を学ぶ上で基礎となる．

● 電子の移動について

3.2節（入門編―化学未修者が学ぶミニマム―，p.30）においては，電子の静的な分布の側面をもつ原子集合体の構造に対して，その動的な側面といえる電子の移動について，定性的な理解から，より定量的な理解とその応用ができるように補足することを目指す．高校の課程で扱う，イオンの大まかな理解を，原子の酸化還元の視点でまず定性的に整理し，ついで酸化還元電位によって定量的に扱う．

3.3節（準備編―挑戦に向けてのさらなる一歩―，p.62）ではこれらの学習を通して，無機化学と物理化学の接点と統合的視点をどのように構築するか，全体像を学ぶヒントが得られるような学習を目指す．2巻以降で学ぶ，分光分析の原理となる軌道とエネルギー準位間の遷移をしっかり理解するための基盤づくりでもある．

● 有機化学への展開

有機化学の学習については，無機化学の考え方を基盤にして，電子を頼りにした，一般性の高い有機化学の理解と応用をめざすように，必要な構造と有機化学に特有の反応について橋渡しできるように考えている．無機化学で学習する原子についての考え方を，特定の方向に強く結びついた炭素中心の原子団である有機分子に拡張することで，原子間に局在化した電子に基づく構造的特徴とその電子の位置の変化による有機反応を共通的に理解できることをめざし，入門編と準備編を通して素地づくりに必要な補足がすみやかにできるように，無機化学の学習も意識している．同時に，現在の高校では錯塩に限定されている錯体についても，有機分子と統一的に把握できるように意識するとよい．

B.2.4 電気化学

電気化学については，高校レベルで標準電極電位を教えるのが国際標準になっている．国際化学オリンピックにチャレンジする場合，あるいはもちろん大学で化学を勉強する場合においても，標準電極電位についての理解は電気化学の出発点であり，これを学ぶことは重要である．電気化学に関する新しい学習内容としては，以下にあげる4点を提案したい．

■ 電池の起電力

電池の起電力について復習するとともに，起電力とギブズエネルギーの関係について学ぶ．式（B.7）はその式である．

$$\Delta G° = -nFE° \tag{B.7}$$

■ 半電池の電極電位と標準電極電位

つづいて半電池の概念と，電極電位の定義，電極-溶液界面での電子のやりとりの反応機構を学ぶ．

金属中の電子のエネルギー準位は，ある準位までは電子で詰まっており，そこから上の準位は空いている．電子の入っている準位の中で一番エネルギーの高い準位を，フェルミ準位という（図B.8a）．ある電極に基準電極に対して一定の電

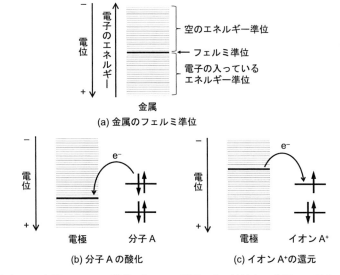

図B.8 a：金属のフェルミ準位，bとc：電極による溶液中の分子Aの酸化と還元

圧（印加電圧）をかけると，電極のフェルミ準位は，基準電極に対してその電圧分だけ高く（あるいは低く）なり，電極中の電子のエネルギーは，印加電圧分だけ高く（あるいは低く）なる．このようにして，電極中の電子のエネルギーを制御することができる．

一方，溶液中の分子やイオンには，固有の電子準位（分子軌道や原子軌道のエネルギー準位）があり，放出したり受け入れたりする電子のエネルギーは決まっている．溶液中の分子 A が電極中の電子より高いエネルギーをもっていれば，分子 A から電極へ電子が移動し，分子 A は酸化されてイオン A^+ が生成するし（図 B.8b），電極中の電子が溶液中のイオン A^+ より高いエネルギーをもっていれば，電極からイオン A^+ へ電子が移動してイオン A^+ は還元される（図 B.8c）．

この電極と A^+/A の間の電子のやりとり（$A^+ + e^- \rightleftharpoons A$）が平衡になるときの電極電位を，$A^+/A$ の標準電極電位といい，$E°(A^+/A)$ と書く．金属電極（金属単体）自身が酸化還元される場合はこの特殊な場合で，分子 A が電極表面にくっついて一体化していると思えばよい．

現行の高校化学の教育では，酸化力，還元力の指標としては，イオン化傾向（イオン化列）のみを扱っているが，その対象となるのは金属単体とそのイオンのみである．ある元素のイオンが価数の異なるイオンになる酸化還元や分子の酸化還元などは，比較の対象にしていない．例えば，酸素の酸化力を銀イオンの酸化力と比較するというようなことはしていないのである．また，$Fe^{3+} + e^- \rightleftharpoons Fe^{2+}$ のような金属イオンの価数が変わる酸化還元も同列に扱うことができないということは，Fe^{3+} をある還元剤で還元したときに Fe^{2+} になるのか Fe になるのかといった疑問には，答えることができないことを意味する．このような問題は，標準電極電位について学ぶことによって解決することができた金属単体とそのイオンだけでなく，溶液中の化学種の酸化力，還元力も定量的に評価できるようにしたい．

酸化還元電位は，反応に関わる化学種の濃度や溶液の酸性度（pH）に依存する．これを表すのがネルンストの式である．たとえネルンストの式は扱わなくとも，上記のように，電極電位を決めるのは電極表面での酸化還元平衡であるということを知っていれば，一般に平衡は反応に関わる化学種の濃度[*8)]に依存する

[*8)] 正確には活量．十分に薄い溶液では，濃度で近似することができる．

ので，電極電位も溶液中の化学種の濃度に依存するであろうことは容易に推測することができるであろう．

■ **標準電極電位と電池の起電力**

標準電極電位の定義と具体的な電極についての値から，それらの電極を組み合わせて電池を構成したときの起電力がどうなるか，予測することができる．

■ **電極電位と電気分解**

一方，電気分解の場合は，電極間にどれだけの電圧を印加すれば，電気分解が起こるかを予測することができる．例えば，電気分解によって

$$2Ag + Cd^{2+} \longrightarrow 2Ag^+ + Cd$$

という反応を進めたいとき

$$Cd^{2+} + 2e^- \longrightarrow Cd \quad E° = -0.403\ V$$
$$2Ag^+ + 2e^- \longrightarrow 2Ag \quad E° = +0.799\ V$$

であるから，より正の電位の電極からより負の電位の電極へ，電子が移動しなければいけない．それは不可能である（$\Delta G° > 0$）．したがって，少なくともその電位差の分（$0.799 - (-0.403)$ V $= 1.202$ V）だけ電圧をかけてやらなければならない．実際には，それ以上に高い電圧をかけなければ電気分解の起こらないことが多く，その際に必要な余分の電圧を過電圧という．

標準電極電位と金属イオンの還元されやすさの関係を扱った問題として，国際化学オリンピックの準備問題に次のような問題がある．

> **実際の問題**

第40回ハンガリー大会　準備問題　問題13（一部抜粋）溶解度積・酸化還元反応

ある物質がさまざまな酸化状態の溶液中に存在しているとき，酸化還元滴定で直接定量することはできない．このような場合，試料をまず還元しておかなければならない．そのような目的には還元器が用いられる．還元器とは，強い還元剤の固体を詰めたカラム[*9)]である．酸性にした試料を還元器に通し，回収した後，既知濃度の強い酸化剤（例えば$KMnO_4$）で滴定する．もっともよ

[*9)] 筒状の反応器．ガラス管，あるいはステンレス製管が用いられることが多い．

く使われるのは，ジョーンズ還元器とよばれるもので，還元剤としてアマルガム[*10]化した亜鉛粒が詰まっている．

a) 以下の溶液を，それぞれジョーンズ還元器に通したとき，起こる反応の反応式を記せ．ただし，アマルガム化された亜鉛の標準電極電位は，亜鉛単体と変わらないものとする．

0.01 mol dm^{-3} CuCl$_2$
0.01 mol dm^{-3} CrCl$_3$

表 B.3

	$E°$/V		$E°$/V
Cu^{2+}/Cu	0.34	Cr^{3+}/Cr	−0.74
Cu^{2+}/Cu$^+$	0.16	Cr^{2+}/Cr	−0.90
VO$_2^+$/VO^{2+}	1.00	Zn^{2+}/Zn	−0.76
VO^{2+}/V^{3+}	0.36	TiO^{2+}/Ti^{3+}	0.10
V^{3+}/V^{2+}	−0.255	Ag$^+$/Ag	0.80
V^{2+}/V	−1.13	Fe^{3+}/Fe^{2+}	0.77

[Cu^{2+} の場合]

表 B.3 のデータから，$E°(\mathrm{Cu^{2+}/Cu}) > E°(\mathrm{Cu^{2+}/Cu^+}) \gg E°(\mathrm{Zn^{2+}/Zn})$ である．したがって，Cu^{2+} は Zn によって還元される．すなわち次のようになる．

$$\mathrm{Cu^{2+} + Zn \longrightarrow Cu + Zn^{2+}}$$

[Cr^{3+} の場合]

表 B.3 のデータから，$E°(\mathrm{Cr^{3+}/Cr}) \gg E°(\mathrm{Zn^{2+}/Zn})$ であるが，Cr^{3+} は Zn から一度に 3 電子もらうことはできないから

$$\mathrm{Cr^{3+} \longrightarrow Cr^{2+} \longrightarrow Cr}$$

というプロセスを考える．ところが $E°(\mathrm{Cr^{2+}/Cr}) < E°(\mathrm{Zn^{2+}/Zn})$ であるから Cr^{2+} は Zn によっては還元されない．一方，Cr$^{3+} \longrightarrow$ Cr^{2+} の可能性については，$E°(\mathrm{Cr^{3+}/Cr^{2+}})$ を知る必要がある．ここでは詳細の説明はしないが

$$E°(\mathrm{Cr^{3+}/Cr^{2+}}) = \frac{3 \times (-0.74\,\mathrm{V}) - 2 \times (-0.90\,\mathrm{V})}{1} = -0.42\,\mathrm{V}$$

なので，Cr^{3+} は Zn によって還元されて Cr^{2+} になる．すなわち答えは以下のようになる．

$$\mathrm{2Cr^{3+} + Zn \longrightarrow 2Cr^{2+} + Zn^{2+}}$$

弱い還元剤が必要な場合には，Ag/HCl 還元器（多孔質の銀粒と塩酸が詰められている）が用いられることがある．金属 Ag は優れた還元剤ではないの

[*10] 水銀と他の金属の合金（金属の水銀溶液に相当）．

で，これは意外に思われるかもしれない．実際，標準電極電位のみを考慮すると，Ag による Fe^{3+} の Fe^{2+} への還元は自発的な反応ではない．

b) 銀の棒が 0.05 mol dm^{-3} の $Fe(NO_3)_3$ 溶液に浸されている場合を考える．各金属イオンの平衡濃度を計算せよ．Fe^{3+} イオンの何％が還元されているだろうか．

起こる反応は $Fe^{3+} + Ag \rightarrow Fe^{2+} + Ag^+$ だから，起電力は次の通りになる．
$$E°_{cell} = 0.77 \text{ V} - 0.80 \text{ V} = -0.03 \text{ V}$$
したがって，
$$\Delta G° = -\nu F E°_{cell} = -1 \times 96485 \text{ C mol}^{-1} \times (-0.03 \text{ V}) = 2900 \text{ J mol}^{-1}$$
$$K = e^{(-\Delta G°/RT)} = e^{-2900 \text{ J mol}^{-1}/(8.31 \text{ J K}^{-1} \text{mol}^{-1} \times 298 \text{ K})} = 0.31$$
となる．

溶解して生成した Ag^+ イオンの濃度（$= Fe^{2+}$ イオンの濃度）を x mol dm^{-3} とおくと，Fe^{3+} イオンの濃度 $= (0.05-x)$ mol dm^{-3} であるから次の方程式が成り立つ．

$$\frac{x^2}{0.05-x} = 0.31$$

これを解くと，$x = [Ag^+] = [Fe^{2+}] = 4.4 \times 10^{-2}$ mol dm^{-3} となり，
$$[Fe^{3+}] = (0.05-x) \text{ mol dm}^{-3} = 6 \times 10^{-3} \text{ mol dm}^{-3}$$
となる．したがって，Fe^{3+} イオンの88％が還元されていることになる．

$\Delta G° > 0$ であっても，まったく反応が進行しないわけではなく，ある程度は平衡が生成物側へシフトすることが分かる．

◆ B.2.5 有機化学

有機化学の学習を高校教育課程から先に進めようとするとき，何から手をつけてよいか分からない，というところが正直なところかもしれない．とにかく膨大な学習が待っている，そんな思いがあるのが本音だろう．

有機化学の学習は，有機化合物の物理的性質，分子構造，反応，合成が主要なものと考えられる．本シリーズはこの中でとくに，分子構造と反応についての実用的な判断力を目指している．ここでいう実用的な判断力とは，構造式をつないで表現されている反応式を初見したときに，どのような反応が起きているか見当

をつけることができること，その前提として構造式から分子の電子分布状況として分子構造を把握できること，そして電子分布の状況を手がかりに分子構造と反応の相関について思いをはせ，その理解の精度を高める基礎能力である．

まず有機化学を学習する準備として，有機化学の考え方・アプローチ方法を確認しておこう．以下はそれにあたって整理していくべき事柄である．

(1) 有機化学の学習の概要
(2) 有機化学と他の化学の分野の学習方法の相違点と共通点
(3) 有機化合物の結合の正体と「イオン結合」「金属結合」との相違点と共通点
(4) 有機化合物の原子軌道と分子軌道
(5) 有機化学の反応

なお，整理をする前に，最初に大前提である有機化合物の範囲を，「炭素骨格で，C-H 結合をもつ，原則分子性の物質」と認めておく必要がある．もちろん若干の例外もある．二酸化炭素，一酸化炭素，炭酸（塩）は有機化合物ではないといわれて納得しないでもないが，尿素は有機化合物とか青酸（シアン化水素，HCN）は無機化合物とか，といわれることにも釈然としないところがある．ただし CCl_4 のように，四塩化炭素（＝無機化合物名）とテトラクロロメタン（＝有機化合物名）が綱引きをしている場合もある．これは，誰かが過去の時点で線引きしたり割り振ったりしたことを踏襲しているだけなので，ああそうですか，と流しておけばよいだろう．大部分の人には本質的なことではないはずだ．

さて，有機化合物には炭素骨格が必ずある．主たる骨格になっていて，そこに置換基がついて有機化合物の分子となる．置換基の中で炭素と水素以外の元素（いわゆるヘテロ元素）の原子が含まれるものは官能基とよばれ，有機化合物の性質に大きく影響する．有機化合物は炭素と水素とそれ以外のせいぜい数種類の元素からできているので，識別方法と名前のつけ方が重要な要素になる．

では，先にあげた 5 つの事柄を (1) から順に整理していく．

(1) 有機化学の学習の概要

有機化合物のもつもっとも特色のある官能基によって，化合物を十数から数十の群に分けてその特徴を調べる．有機分子の分子構造をどこに着目して考えるかには，系統的命名法が思考の整理に役立つと思われるため，その原理の大まかな把握を目指す．

有機分子の特徴には，分子の構造がある物質から別の物質に変わる化学的性質と物質そのものの種類は変わらない（形態や形状が変わることを伴うこともある）物理的性質がある．化学的性質には，燃焼や分解があるが，もっとも注目されるのが物質変換である．その際のエネルギーの出入りも物質変換の範疇だが，すぐ後に出てくる物理的性質と一緒に論じられることが多いだろう．物理的性質には，密度，融点，沸点，酸解離性，電気伝導性／絶縁性，誘電性，粘性，溶解性，吸湿性などがある．また，以上の2つとは別の角度からの特徴として用途もある．こちらも化学的な用途（反応の原料，医薬，燃料，食品）と物理的な用途（部材，溶媒）などに分けられる．さらに毒物性や劇物性，匂い，引火性・発火性・爆発性などの実用的留意点の把握も含まれる．

　4巻の有機化学の学習では，それぞれの群に属する化合物の反応の理解をめざして時間を割き，その物質をつくる方法（合成法）は後回しにする．また物理的性質については疎水性／親水性，光透過性（の波長依存性），沸点や融点などのおおまかな傾向を把握することにする．つまり，構造確認としての分析の割合が多くなる．それも元素組成（元素分析）ではなく，分光分析（核磁気共鳴，紫外可視吸光，赤外吸収）を学習するため，有機分子の電子配置を分子軌道で把握し，エネルギー準位で定量的に評価するなど物理化学・無機化学と絡めて学ぶことを意識して進める．

(2) 有機化学と他の化学の分野の学習方法の相違点と共通点

　有機化学は他の化学の分野とは毛色の違う独特の雰囲気がある分野だ．有機化合物群ごとに個別の特色をもった内容を学ぶ形態で，物理化学や無機化学では比較的はっきりみられる規則性が希薄である．1つの原理から誘導される規則の検証という雰囲気は有機化学の学習では乏しく，少なくとも表面的には事例検証を集合させて比較体系化するという昔ながらの進め方が根強く残っている．また，有機化合物は反応して変化しやすい（別の物質に変わりやすい）が無機化合物に比べると反応の進み方は遅いという特徴がある．同時にいろいろな反応の可能性があって，その中の複数が実際に起きて条件で優勢になったり劣勢になったり（選択性），分子の構造に規制されて1つしか起こらなかったり（特異性）する．そこで物質群ごとに異なる反応の個性や特殊性を学ぶのに時間を費やすのである．このことによりその裏返しともいえるが，分子軌道法による定性的なアプローチが突発的に行われてそれらが「ガラパゴス化」している面も否定できない．

　有機化学の学習を進めようという動機づけとして有力なのは多くの化学挙動を

統一的に理解できる術の獲得だろう．それは分子内の電子の配置，分子軌道を使うことであり，同時に有機化学以外の分野との共通性を認識することでもある．このような化学の学習全体の中での位置づけの観点から，無機化学の学習の原子軌道に基づく原子の電子構造，原子軌道の相互作用としての原子間の結合，そして錯体の構造と比較しながら地続き化を目指すことを意識する．

(3) 有機化合物の結合の正体と，「イオン結合」「金属結合」との相違点と共通点

有機化合物は共有結合性化合物の代表であり，結合する原子と原子の間に電子が異方的に局在化している．これに対して，イオン結合とよばれている，ある群の物質では原子間に電子が準等方的に局在化している化合物もある．金属結合とよばれている物質群の結合は，原子間に電子が等方的に非局在化しているものである．有機化合物の結合では電子の局在化の程度が高いと，その裏返しとして電子の存在しない（＝結合のない）空間が多く存在できる．それによって2原子間の結合状態は維持したままそれ以外の原子との空間的位置関係をいろいろととることができるようになり（立体配座，立体配置），この構造的多様性に由来する化学的・物理的性質の摂動がある．

有機分子の立体的な構造の多様性をもたらす電子分布の形態の特徴とその顕在化の例としての立体化学に関する初歩的な理解を目指す．

(4) 有機化合物の原子軌道と分子軌道

有機分子の反応性については，分子軌道を用いる反応の説明が現在の化学のレベルからはもっとも精度の高いものといえる．一方，現在の有機化学についての教科書での説明で主流となっている有機電子論では，分極（部分電荷），共鳴，巻き矢印による電子（対）の移動，硬い酸塩基・軟らかい酸塩基で反応の起き方を解説している．これらの概念はそれぞれ，分子軌道の電荷密度，多原子にわたる分子軌道，反応に関与するHOMO（最高被占準位）とLUMO（最低空準位）とを結ぶ解析作業，反応する分子軌道どうしのエネルギーレベルと形状・大きさの一致不一致を定性的に述べる近似的記述といえる．一方，有機電子論は軌道の符号の一致不一致やHOMOとLUMOの特定は行えない難点を伴った運用ともいえる．定性的でよいので分子軌道や原子軌道を意識してイメージできるような学習をすすめてもらいたい．

有機化合物の反応において，有機電子論で用いられている象徴的な記号による記述から，定性的な分子軌道法的理解に結びつけることを意識した学習を目指したい．

(5) 有機化学の反応

　有機化学の反応では，原子と原子の間にある，異方的に高度に局在化した電子の位置が変わることで反応がスタートする．その変化の際に不安定な状態（中間体または遷移状態）が生じる．とくに電荷分離，すなわち陽イオン（カチオン）と陰イオン（アニオン）に分かれることは，エネルギー的にきわめて不利である．また結合を形成する2つの電子が1つずつに分かれて，ラジカルが2つできることも不利である．しかし，多くの場合は，溶媒和が働いて結合の変換を引き起こすレベルの活性をもつ化学種を長寿命化させることで反応の進行を後押しするバランスも先の学習でふれる余地を残すよう意識したい．

　さらに，酸化還元の見方も有機化合物の反応では重要である．酸化還元は金属元素の原子，とくに遷移金属では1つの原子で電子が出入りして起きている．それに対して，有機化合物では，酸素原子や水素原子の脱着や置換，多重結合など複数の原子の協同作業で酸化還元が遂行される．これは，周期表の第2周期に位置する，炭素そして酸素や窒素が構成要素原子となっている分子群の原子のサイズに起因する共同作業の選択と考えることができる．ここで留意することは，電子の移動にしろ，水素・酸素原子の脱着にしろ，変化が相殺されるときには酸化還元反応ではなく，どちらか一方通行になっているときに酸化還元反応となることである．

　有機化合物の反応を4つの段階に区分けできるようになり，とくに分子変換（素反応）と電子の移動については，初見の反応式（構造式を用いているもの）についてもすぐ素反応の識別と酸化還元の有無の判断ができる能力を目指す．

　国際化学オリンピックには化学オタクもたくさん参加する．彼らの多くは有機化学に強い．おそらく，第六感でピンときた経験が引き金になって，興味と知識収集と理解吸収がよい相互作用をしてきたのであろう．

　ここまで述べてきたように，有機化学の学習内容は，独立的・個性的で少々骨が折れそうなことは否定しない．しかし，化学の他の分野，物理化学や無機化学との相関を意識しながら取り組んで行くことで，意外にそういう域に近いところまで無理なく進められる．本シリーズの4巻，5巻での実際のやや複雑な問題を考えることは，そういう相関を体得することにきっとつながると思っている．自信をもって臨んでほしい．

文 献

［1］小川雅彌，村井真二 監修（1990）有機化合物 命名のてびき―IUPAC 有機化学命名法 A,B,C の部―，化学同人．
［2］古賀憲司，野依良治，村橋俊一 監訳（2012）ボルハルト・ショアー 現代有機化学（上）第 6 版，化学同人．
［3］古賀憲司，野依良治，村橋俊一 監訳（2012）ボルハルト・ショアー 現代有機化学（下）第 6 版，化学同人．
［4］田中勝久，髙橋雅英，安部武志，平尾一之，北川　進 訳（2016）シュライバー・アトキンス 無機化学 第 6 版，東京化学同人．
［5］千原秀昭，稲葉　章 訳（2016）アトキンス物理化学要論 第 6 版，東京化学同人．
［6］都築洋次郎 訳（1952）化学の学校（上），岩波書店．
［7］都築洋次郎 訳（1952）化学の学校（中），岩波書店．
［8］都築洋次郎 訳（1952）化学の学校（下），岩波書店．
［9］日本化学会命名法専門委員会 編（2016）化合物命名法―IUPAC 勧告に準拠― 第 2 版，東京化学同人．
［10］姫野貞之，市村彰男（2009）著溶液内イオン平衡に基づく分析化学 第 2 版，化学同人．

2.2.2項（日本の高校での学習内容とどこが違うのか，p. 21）でシラバスと比較した教科書の一覧
【化学基礎】
竹内敬人 編（2012）新編化学基礎，東京書籍．
井口洋夫，木下　實 編（2012）化学基礎，実教出版．
齊藤　烈，藤嶋　昭，山本隆一 編（2011）化学基礎，啓林館．
辰巳　敬 編（2012）化学基礎，数研出版．
【化学】
竹内敬人 編（2013）新編化学，東京書籍．
井口洋夫，木下　實 編（2012）化学，実教出版．
齊藤　烈，藤嶋　昭，山本隆一 編（2012）化学，啓林館．
辰巳　敬 編（2013 年）化学，数研出版．

索　引

欧　文

Advanced Difficulty　19

BTB　63

d軌道　84

g（気体）　43

HOMO　110, 139

IUPAC命名法　60

l（液体）　43
LUMO　110, 139

mole　29

p軌道　82
pH指示薬　63

R分類　106

S勧告　106
s軌道　82
s（固体）　43
sp混成軌道　83
sp^{2}混成軌道　83
sp^{3}混成軌道　83

TLC　24

VSEPR　125

あ　行

アニオン　51
アボガドロ数　32
アボガドロ定数　32
安全指導　1
安定同位体　33

イオン化エネルギー　52
イオン化傾向　133
イオン化合物　35
イオン化列　133
イオン結合　139
イオン濃度　70
異核二原子分子　124
位相　87
陰イオン　51
引火性　138

エネルギー準位　50
塩基
　硬い——　139
　軟らかい——　139
エンタルピー　42, 118
　結合解離——　46
　生成——　45
　標準生成——　45
エントロピー　73, 119
　外界の——　76
　反応——　42, 75

オストワルド　109

か　行

化学種　53
化学的性質　93, 138
『化学の学校』　109
化学反応　63
化学反応式　31
化学平衡　63
可逆　76
　——な反応系　121
殻　50
加重平均　34
カチオン　51
活量　66
還元器　134
環状　60
官能基　59, 95, 137

気液平衡　64
危険警告記号　106
危険性の表示　106
気体の密度　36
起電力　54, 134
軌道　49, 81
ギブズエネルギー　77, 87, 120
　標準反応——　121
求核置換反応　97
吸湿性　138
求電子置換反応　97
吸熱反応　42, 73
共鳴　139
共鳴安定化　125
共鳴構造　125

共有結合 52
　　──の生成 124
共有結合性化合物 139
金属結合 139
金属材料 56
金属物質 56

系 76
劇物性 138
結合距離 124
結合性軌道 86
ゲーリュサック 30
原子 48
原子価殻電子対反発理論 125
原子核 48
原子軌道 49, 50, 81
原子番号 51
元素 51
元素組成 138
元素分析 138

混成軌道 82

さ 行

最高被占準位 110, 139
最低空準位 110, 139
材料 56
酸
　硬い── 139
　軟らかい── 139
　──の解離 69
酸解離指数 69
酸解離性 138
酸解離定数 69
酸解離反応 63, 69
酸化還元平衡 133
三重結合 61, 95, 97

脂環式 60
式量 35
仕事 41

実験オリエンテーション 1
実験課題 2, 17
質量保存の法則 34
シャルルの法則 40
周期表 85
省略表記 59
ジョーンズ還元器 135
シラバス 19
親水性 138

生成物 96
絶縁性 138
絶対温度 40
節面 82
遷移状態 96, 140
選択性 138

相互作用 129
相平衡 64
速度論的支配 65
疎水性 138
素反応 95, 96, 140

た 行

脱離反応 95, 97
炭化水素 40, 59
炭素骨格 59, 137
　有機化合物の── 60

置換基 61
置換反応 95, 97
中間体 96, 140
中性子 48
直鎖構造 60

定比例の法則 30
電位 53
電位データ 54
転位反応 95
電気陰性度 52, 95, 124
電気伝導性 138

電気分解 134
電極-溶液界面での電子のやりとり 132
電極電位 132
電子 49
電子殻 50
電子親和力 53, 58
電子配置 51
電離 69
電離度 69

同位体 33
等核二原子分子 124
統計的集団 128
特異性 138
毒物性 138
ドルトン 30

な 行

二重結合 61, 95, 97

熱容量 42, 76
熱力学第二法則 76, 119
熱力学的支配 65
熱量 41, 45
ネルンストの式 90
粘性 138

濃度 39

は 行

パウリの排他原理 51
薄層クロマトグラフィー 24
爆発性 138
博物学 112
発火性 138
発熱反応 42, 73
反結合性軌道 86, 126
半減期 65
半電池 132

反応比　66
反応物　96
半反応式　53

光透過性　138
非環状　60
非局在化　49, 125
非結合性軌道　87
筆記試験　4
比熱容量　42
標準状態　36
　　熱力学の――　43
標準電極電位　53, 54, 133, 134

ファラデー定数　53, 89
不可逆　76
付加反応　95, 97
部材　138
不斉　61
不斉中心　62
物質の三態　41, 43
物質量　32
物質量濃度　39
沸点　42, 138
物理化学　16
物理的性質　93, 138
プルースト　30
フロスト図　55
ブロモチモールブルー　63
分極　139
分光分析　138
分子軌道　86
分子軌道法　126
分枝構造　60
分子の振動　125
分子変換　140
分子量　35

分析化学　13

平衡　29, 63
　　化学――　63
平衡定数　67, 87, 121
平衡点　79
ヘスの法則　44
ヘテロ原子　59
ヘテロ元素　137

芳香族　60
放射性同位体　34
飽和水溶液　70
ポーリングの電気陰性度　52
ボルツマン分布　128

ま 行

巻き矢印　139
マクスウェル分布　128

密度　32, 138
　　気体の――　36

無機化学　13
無機材料　56
無機物質　56, 58

命名法　60
　　系統的――　60
　　組織的――　60

モル　29, 32
モル質量　32, 35, 36
モル体積　36
モル濃度　39
問題を読む時間　3

や 行

融解熱　42
有機化学　16, 93
有機材料　57
有機電子論　139
有機反応　94
有機物質　56, 57
有機分子　59
融点　42, 138
誘電性　138

陽イオン　51
溶解性　138
溶解度積　70
溶解平衡　70
陽子　48
溶質　39
溶媒　39, 138
溶媒和　140

ら 行

ラティマー図　54

理化学　112
立体異性　62
立体構造　61
立体配座　139
立体配置　62, 139
量子化　50
理論問題　13

ルイス構造式　125
ルシャトリエの原理　79

国際化学オリンピックに挑戦！1　基礎　定価はカバーに表示

2019 年 5 月 1 日　初版第 1 刷
2024 年 3 月 25 日　　　第 4 刷

編　集　　国際化学オリンピック
　　　　　　Ｏ　Ｂ　Ｏ　Ｇ　会

発行者　　朝　倉　誠　造

発行所　　株式会社　朝　倉　書　店
　　　　　東京都新宿区新小川町 6-29
　　　　　郵便番号　　162-8707
　　　　　電　話　03(3260)0141
　　　　　ＦＡＸ　03(3260)0180
　　　　　https://www.asakura.co.jp

〈検印省略〉

© 2019〈無断複写・転載を禁ず〉　　印刷・製本　デジタルパブリッシングサービス

ISBN 978-4-254-14681-3　　C 3343　　　　　　　Printed in Japan

JCOPY ＜出版者著作権管理機構　委託出版物＞

本書の無断複写は著作権法上での例外を除き禁じられています．複写される場合は，そのつど事前に，出版者著作権管理機構（電話 03-5244-5088, FAX 03-5244-5089, e-mail: info@jcopy.or.jp）の許諾を得てください．

好評の事典・辞典・ハンドブック

物理データ事典 　日本物理学会 編　B5判 600頁
現代物理学ハンドブック 　鈴木増雄ほか 訳　A5判 448頁
物理学大事典 　鈴木増雄ほか 編　B5判 896頁
統計物理学ハンドブック 　鈴木増雄ほか 訳　A5判 608頁
素粒子物理学ハンドブック 　山田作衛ほか 編　A5判 688頁
超伝導ハンドブック 　福山秀敏ほか 編　A5判 328頁
化学測定の事典 　梅澤喜夫 編　A5判 352頁
炭素の事典 　伊与田正彦ほか 編　A5判 660頁
元素大百科事典 　渡辺　正 監訳　B5判 712頁
ガラスの百科事典 　作花済夫ほか 編　A5判 696頁
セラミックスの事典 　山村　博ほか 監修　A5判 496頁
高分子分析ハンドブック 　高分子分析研究懇談会 編　B5判 1268頁
エネルギーの事典 　日本エネルギー学会 編　B5判 768頁
モータの事典 　曽根　悟ほか 編　B5判 520頁
電子物性・材料の事典 　森泉豊栄ほか 編　A5判 696頁
電子材料ハンドブック 　木村忠正ほか 編　B5判 1012頁
計算力学ハンドブック 　矢川元基ほか 編　B5判 680頁
コンクリート工学ハンドブック 　小柳　洽ほか 編　B5判 1536頁
測量工学ハンドブック 　村井俊治 編　B5判 544頁
建築設備ハンドブック 　紀谷文樹ほか 編　B5判 948頁
建築大百科事典 　長澤　泰ほか 編　B5判 720頁

価格・概要等は小社ホームページをご覧ください．

• 重要な公式など

名称	式
自然対数	$\ln A = \log_e A$
pH の定義	$\mathrm{pH} = -\log[\mathrm{H}^+]$
平衡定数	反応 $a\mathrm{A} + b\mathrm{B} \rightleftharpoons c\mathrm{C} + d\mathrm{D}$ において $K = \dfrac{[\mathrm{C}]^c[\mathrm{D}]^d}{[\mathrm{A}]^a[\mathrm{B}]^b}$
酸解離定数	酸解離平衡 $\mathrm{HA} \rightleftharpoons \mathrm{H}^+ + \mathrm{A}^-$ において $K_a = \dfrac{[\mathrm{H}^+][\mathrm{A}^-]}{[\mathrm{HA}]}$
	$pK_a = -\log K_a$ の形でしばしば用いられる
ヘンダーソン–ハッセルバルヒの式	$\mathrm{pH} = pK_a + \log \dfrac{[\mathrm{A}^-]}{[\mathrm{HA}]}$
反応 $a\mathrm{A} + b\mathrm{B} \rightleftharpoons c\mathrm{C} + d\mathrm{D}$ における反応商 Q	$Q = \dfrac{[\mathrm{C}]^c[\mathrm{D}]^d}{[\mathrm{A}]^a[\mathrm{B}]^b}$
ネルンストの式	$E = E^\circ + \dfrac{RT}{nF} \ln \dfrac{[\mathrm{Ox}]}{[\mathrm{Red}]}$
熱力学第一法則	$\Delta U = q + W$
エンタルピーの関係式	$H = U + pV$
エントロピー変化	$\Delta S = \dfrac{q_{\mathrm{rev}}}{T}$. ただし, q_{rev} は可逆過程における熱量を表す.
ギブズエネルギーの関係式	$G = H - TS$
反応ギブズエネルギーの関係式	$\Delta_r G = \Delta_r G^\circ + nRT \ln Q = -nFE_{\mathrm{emf}}$
標準反応ギブズエネルギーの関係式	$\Delta_r G^\circ = \Delta_r H^\circ - T\Delta_r S^\circ = -nRT \ln K = -nFE^\circ$
理想気体の状態方程式	$PV = nRT$
クラウジウス–クラペイロンの式	$\dfrac{dp}{dT} = \dfrac{\Delta H}{T\Delta V}$
ファントホッフの式	$\dfrac{d\ln K}{dT} = \dfrac{\Delta_r H_m}{RT^2} \Rightarrow \ln\left(\dfrac{K_2}{K_1}\right) = -\dfrac{\Delta_r H_m}{R}\left(\dfrac{1}{T_2} - \dfrac{1}{T_1}\right)$
モル熱容量 c_m が温度に依存しないときの熱量	$\Delta q = nc_m\Delta T$. ただし, c_m はモル熱容量を表す.
電気機器の電力	$P = EI$. ただし, E は電圧, I は電流を表す.
アレニウスの式	$k = Ae^{-E_a/RT}$
ラングミュアの吸着等温式	$\theta = \dfrac{Kp}{1 + Kp}$
光子のエネルギー E・波長 λ・振動数 ν・波数 $\tilde{\nu}$ の関係式	$E = \dfrac{hc}{\lambda} = h\nu = hc\tilde{\nu}$
エネルギーの eV 単位と J 単位の関係	$E/\mathrm{eV} = \dfrac{E/\mathrm{J}}{q_e/\mathrm{C}}$
分子 AX の換算質量 μ	$\mu = \dfrac{m_A m_X}{m_A + m_X}$
調和振動子モデルにおける振動数と振動エネルギー	$\nu = \dfrac{1}{2\pi}\sqrt{\dfrac{k}{\mu}}, \quad E_n = \left(n + \dfrac{1}{2}\right)h\nu$
積分形速度式（0 次反応）	$[\mathrm{A}] = [\mathrm{A}]_0 - kt$
積分形速度式（1 次反応）	$\ln[\mathrm{A}] = \ln[\mathrm{A}]_0 - kt$
積分形速度式（2 次反応）	$\dfrac{1}{[\mathrm{A}]} = \dfrac{1}{[\mathrm{A}_0]} + kt$
1 次の反応速度式に対応する微分方程式の解	$\dfrac{dC}{dt} = -kC \Leftrightarrow C = C_0 e^{-kt}$
ランベルト–ベールの法則	$A = -\log \dfrac{I}{I_0} = \varepsilon l c$
ブラッグの式	$2d\sin\theta = n\lambda$
マーク–ホーウィンク–桜田の式	$[\eta] = KM^a$